工 业 帮 自 动 化 系 列 教 材

U0183612

图解西门子PLC通信大全

杨锐 主编

武汉工邺帮教育科技有限公司 组编

华中科技大学出版社
中国·武汉

内容简介

本书采用全彩图表系统地介绍了西门子系列 PLC 的通信，主要内容包括：通信的基础知识，西门子 S7-200 PLC 的 PPI 通信、与西门子 V20 变频器的 USS 通信、与台达变频器的 Modbus 通信、与智能温度控制仪的 Modbus 通信、与昆仑通态的通信，西门子 S7-200 Smart PLC 的 S7 通信、与西门子 V20 变频器的 USS 通信、与台达变频器的 Modbus 通信、与智能温度控制仪的 Modbus 通信、与昆仑通态的通信，西门子 S7-1200 PLC 的 S7 通信、与西门子 V20 变频器的 USS 通信、与台达变频器的 Modbus 通信、与智能温度控制仪的 Modbus 通信、与昆仑通态的通信，西门子 S7-300 PLC 的 PROFIBUS-DP 通信、与西门子 MM440 的 PROFIBUS-DP 通信，西门子 S7-1500 与 S7-1200 的 S7 通信。

本书集实用性、技术性和可操作性于一体，适合作为广大电气工程专业人员及初、中级电气技术人员和电工人员全面了解和掌握变频器应用的参考书，也可供相关专业高等院校、职业技术学院的师生阅读、参考。

图书在版编目（CIP）数据

图解西门子 PLC 通信大全/杨锐主编; 武汉工邺帮教育科技有限公司组编.—武汉: 华中科技大学出版社，2023.7

ISBN 978-7-5680-9458-0

Ⅰ.①图⋯ Ⅱ.①杨⋯ ②武⋯ Ⅲ.①PLC 技术 - 应用 - 通信网 - 图解 Ⅳ.①TM571.61-64②TN915-64

中国国家版本馆 CIP 数据核字（2023）第 125663 号

图解西门子 PLC 通信大全
Tujie Ximenzi PLC Tongxin Daquan

杨　锐　主编

武汉工邺帮教育科技有限公司　组编

策划编辑：张少奇

责任编辑：吴　晗

封面设计：原色设计

责任监印：周治超

出版发行：华中科技大学出版社（中国·武汉）　　　电话：（027）81321913
　　　　　武汉市东湖新技术开发区华工科技园　　　　邮编：430223

录　　排：武汉工邺帮教育科技有限公司

印　　刷：武汉美升印务有限公司

开　　本：787mm × 1092mm 1/16

印　　张：20

字　　数：512 千字

版　　次：2023 年 7 月第 1 版第 1 次印刷

定　　价：128.00 元

前　言

PLC 通信是 PLC 控制中公认的难点，对于刚入门的初学者更是如此。为了使读者能更好地掌握西门子通信技术，我们编写了本书。

本书系统地介绍了西门子系列 PLC 的通信，主要内容包括：通信的基础知识，西门子 S7-200 PLC 的 PPI 通信、与西门子 V20 变频器的 USS 通信、与台达变频器的 Modbus 通信、与智能温度控制仪的 Modbus 通信、与昆仑通态的通信，西门子 S7-200 Smart PLC 的 S7 通信、与西门子 V20 变频器的 USS 通信、与台达变频器的 Modbus 通信、与智能温度控制仪的 Modbus 通信、与昆仑通态的通信，西门子 S7-1200 PLC 的 S7 通信、与西门子 V20 变频器的 USS 通信、与台达变频器的 Modbus 通信、与智能温度控制仪的 Modbus 通信、与昆仑通态的通信，西门子 S7-300 PLC 的 PROFIBUS-DP 通信、与西门子 MM440 的 PROFIBUS-DP 通信，西门子 S7-1500 与 S7-1200 的 S7 通信。

全书内容由浅入深，注重知识的系统性、针对性和实用性。本书图文并茂，程序带有详细的文字注释，特别适合初学者学习和使用，对于有一定 PLC 基础的读者来说，也是不可多得的学习和参考资料。

编者
2023 年 5 月

目 录

第1章

通信概述

1.1 通信的分类

通信是指发送者通过通信设备以某种格式来传递信息给接收者的技术。通信的分类方法有多种，按数据传输方式可分为并行通信和串行通信两种。

1. 并行通信

在通信设备之间的数据传输通常是靠电缆或信道上的电流或电压变化来实现的。如果一组数据的各数据位在多条线上同时被传输，这种方式称为并行通信方式，如图 1-1 所示。

并行通信的所有数据位是同时传输的，数据以字或字节为单位。并行通信除了 8 根或 16 根数据线、1 根公共线外，还需要通信双方联络用的控制线。

并行通信的特点是：数据传输速率快，但通信线路多、成本高，适合近距离高速传输。PLC 通信系统中，并行通信方式一般发生在内部各元件之间、基本单元与扩展模块或近距离智能模块的处理器之间。

2. 串行通信

串行通信是指通信的发送端和接收端使用一根数据信号线（另外需要地线，可能还需要控制线）进行数据传输的通信方式，如图 1-2 所示。串行通信的数据在一根数据信号线上一位一位地传输，每一位数据都占据一个固定的时间长度。

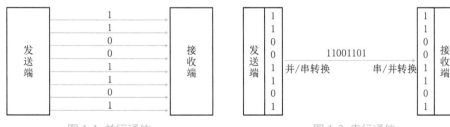

图 1-1 并行通信　　　　　　　　图 1-2 串行通信

与并行通信相比，串行通信的优点是：数据传输按位顺序进行，仅需一根数据信号线即可完成，传输距离远（可以从几米到几千米）；串行通信的通信时钟频率容易提高；

抗干扰能力十分强，其信号间的相互干扰完全可以忽略。其缺点是串行通信的传输速率比并行通信慢得多。

由于串行通信的接线少、成本低，因此它在数据采集和控制系统中应用广泛，采用串行通信的产品也多种多样。随着串行通信速率的提高，以前使用并行通信的场合，现在也完全或部分被串行通信取代，如打印机的通信、个人计算机硬盘的数据通信，现在已经被串行通信取代。计算机和PLC间均采用串行通信方式。

1.2 串行通信接口标准

串行通信接口技术简单成熟，性能可靠，对软硬件要求都很低，广泛应用于计算单片机及相关领域，遍及调制解调器、各种监控模块、PLC、摄像头云台、数控机床、单片机及相关智能设备。串行通信使用 RS232、RS422、RS485 等接口。

1.RS232 标准接口

RS232 标准既是一种协议标准，又是一种电气标准。它规定了终端和通信设备之间信息交换的方式和功能。RS232 标准接口是工控计算机普遍配备的接口，具有使用简单、方便的特点。它采用按位串行的方式，单端发送、单端接收，所以数据传输速率低，抗干扰能力差，传输波特率为 300 bps、600 bps、1200 bps、4800 bps、9600 bps、19200 bps 等。其电路如图 1-3 所示，在通信距离短、传输速率低和环境要求不高的场合应用较广泛。

2.RS422 标准接口

RS422 标准由 RS232 发展而来，它是为弥补 RS232 之不足而提出的。为改进 RS232 通信距离短、传输速率低的缺点，RS422 定义了一种平衡通信接口，使传输速率提高到 10 Mbps，传输距离延长到 4000 ft（211.2 m）（速率低于 100 Kbps 时），允许在一条平衡总线上连接最多 10 个接收器。RS422 是一种单机发送、多机接收的单向、平衡传输规范。

3.RS485 标准接口

RS485 标准是一种最常用的串行通信协议。RS485 接口电路如图 1-4 所示，RS485 标准接口采用二线差分平衡传输方式，其一根导线上的电压值与另一根上的电压值相反，接收端的输入电压为这两根导线电压值的差值。

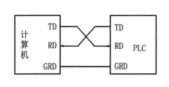
图 1-3 RS232 接口电路

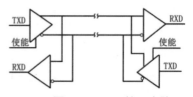
图 1-4 RS485 接口电路

通信噪声一般会同时出现在两根导线上，RS485 接口的一根导线上的噪声电压会被另一根导线上出现的噪声电压抵消，所以可以极大地削弱噪声对信号的影响。另外，在非差分（即单端）电路中，多个信号共用一根接地线，长距离传送时，不同节点接地线的电平差异可能相差数伏，有时甚至会引起信号的误读，但 RS485 采用的差分电路则完全不会受到接地电平差异的影响。由于采用差动接收和平衡发送的方式传送数据，RS485 接口有较高的通信速率（波特率可达 10 Mbps 以上）和较强的抑制共模干扰能力。

RS485 总线工业应用成熟，而且大量的已有工业设备均提供 RS485 接口。目前 RS485 总线仍在工业应用中具有十分重要的地位。西门子 PLC 的 PPI 通信、MPI 通信和 PROFIBUS-DP 现场总线通信的物理层都采用 RS485 标准，而且都采用相同的通信线缆和专用网络接头。西门子提供两种网络接头，即标准网络接头和编程端口接头，可方便地将多台设备与网络连接。标准网络接头和编程端口接头均有两套终端螺钉，用于连接输入和输出网络电缆。这两种接头还配有开关，可选择网络偏流和终端。编程端口允许用户将编程站或 HMI 设备与网络连接，而不会干扰任何现有网络连接。编程端口接头通过编程端口传送所有来自 S7-200 PLC CPU 的信号（包括电源引脚信号），这对连接由 S7-200 PLC CPU 供电的设备（例如 SIMATIC 文本显示）尤其有用。

西门子的专用 PROFIBUS 电缆中有两根线，一根为红色，上面标有"B"，一根为绿色，上面标有"A"，这两根线只要与网络接头相对应的"A"和"B"接线端子相连即可。网络接头可直接插在 PLC 的端口上，不需要其他设备。注意：三菱的 FX 系列 PLC 要加 RS485 专用通信模块和终端电阻。

1.3 串行通信的分类

串行通信中，数据是一位一位按照到达的顺序依次传输的，每位数据的发送和接收都需要时钟来控制。发送端通过发送时钟确定数据位的开始和结束，接收端需要适当的时间间隔对数据流进行采样来正确识别数据。接收端和发送端必须保持步调一致，否则数据传输就会出现差错。为防止数据传输出错，串行通信可采用异步传输和同步传输两种方法。在串行通信中，数据是以帧为单位传输的，帧有大帧和小帧之分，小帧包含一个字符，大帧含有多个字符。从用户的角度来说，异步传输和同步传输最主要的区别在于通信方式的帧不同。

在 PLC 与其他设备之间进行串行通信时，以异步通信和同步通信的方式传输数据，同时也传输时钟同步信号，并始终按照给定的时刻采集数据。

1. 异步通信

异步通信方式也称起止方式，数据传输的单位是字符。发送字符时，要先发送起始位，然后是字符本身，最后是停止位，字符后面还可以加入奇偶校验位。异步通信具有硬件简单、成本低的特点，主要用于传输速率低于 19.2 Kbps 的数据通信。

在通信的数据流中，字符间异步，字符内部各位间同步。异步通信方式的"异步"主要体现在字符与字符之间传输没有严格的定时要求。异步传输中，字符可以是连续地、一个个地发送，也可以是不连续地、随机地单独发送。在停止位之后，立即发送下一个字符的起始位，开始一个新的字符的传输。异步传输是连续的串行数据发送，即帧与帧之间是连续的。断续的串行数据传输是指在一帧传输结束之后维持数据线的"空闲"状态，新的起始位可在任何时刻开始传输。一旦传输开始，组成这个字符的各个数据位将被连续发送，并且每个数据位持续的时间是相等的。接收端根据这个特点与数据发送端保持同步，从而正确地恢复数据。收、发双方则以预先约定的传输速率，在时钟的作用下，传送这个字符中的每一位。

异步通信采用小帧传输。一帧中有 10 ~ 12 个二进制数据位，每一帧由 1 个起始位、7 ~ 8 个数据位、1 个奇偶校验位（可以没有）和停止位（1 位或 2 位）组成，被传输的一组数据相邻两个字符的停顿时间不一致。串行异步数据传输示意图如图 1-5 所示。

图 1-5 串行异步数据传输示意图

2. 同步传输

在同步传输方式中，数据被封装成更大的传输单位，称为帧。每个帧中含有多个字符代码，而且字符代码之间没有间隙以及起始位和停止位。和异步传输相比，同步传输中数据传输单位的加长容易引起时钟漂移。为了保证接收端能够正确地区分数据流中的每个数据位，收发双方必须通过某种方法建立起同步时钟。一种方法是在发送端和接收端之间建立一条独立的时钟线路，由线路的一端（发送端或者接收端）定期地在每个比特时间中向线路发送短脉冲信号，另一端则将这些有规律的脉冲作为时钟。这种技术在短距离传输时表现良好，但在长距离传输中，定时脉冲可能会和信息信号一样受到破坏，从而出现定时误差。另一种方法是采用嵌有时钟信息的数据编码位向接收端提供同步信息。

同步通信的多种数据格式中，常用的为高级数据链路控制（HDLC）帧格式，其每一帧中有 1 个字节的起始标志位、2 个字节的收发方地址、2 个字节的通信状态位、多个字节的数据位和 2 个字节的循环冗余校验位。串行同步数据传输示意图如图 1-6 所示。

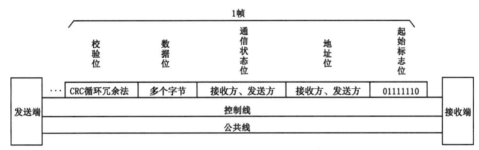

图 1-6 串行同步数据传输

1.4 串行通信工作方式

单线传输信息是串行数据通信的基础。数据通常在两个站（点对点）之间进行传输，按照数据流的方向不同，数据传输模式可分成单工、全双工、半双工三种。

1. 单工模式

单工模式的数据传输是单向的。通信双方中，一方固定为发送端，另一方则固定为接收端，信息只能沿一个方向传输，使用一根传输线，如图 1-7 所示。

图 1-7 单工模式

单工模式一般用在只需一个方向传输数据的场合。例如计算机与打印机之间的通信是单工模式，只有计算机向打印机传输数据，而没有相反方向的数据传输。

2. 全双工模式

如图 1-8 所示，在全双工模式下，数据由两根可以在两个不同的站点同时发送和接收信息的传输线上进行传输，通信双方都能在同一时刻进行发送和接收操作。在全双工模式中，每一端都有发送器和接收器。全双工模式可在交互式应用和远程监控系统中使用，信息传输效率较高。

图 1-8 全双工模式

3. 半双工模式

半双工模式既可以使用一根传输线，也可以使用两根传输线。如图 1-9 所示，半双工模式使用一根传输线时，既可发送数据又可接收数据，但不能同时发送和接收数据。在任何时刻只能由其中的一方发送数据，另一方接收数据。半双工通信中每一端需有一个收发切换电子开关，通过切换来确定数据向哪个方向传输。因为有切换，所以会产生时间延迟，信息传输效率较其他两种模式低。

图 1-9 半双工模式

1.5　西门子 PLC 通信硬件

西门子 PLC 通信硬件包括通信端口、连接电缆、网络连接器、网络中继器、通信卡以及 PLC 通信扩展模块等。

1. 通信端口

在每个西门子 PLC 的 CPU 中都有一个与 RS485 兼容的 9 针 D 型端口，该端口也符合过程现场总线（process field-bus, PROFIBUS）标准。该端口可以把西门子 PLC 连接到网络总线。在进行调试时，将西门子 PLC 接入网络一般利用端口 1，端口 0 为所连接的调试设备的端口。

2. 连接电缆

（1）PC/PPI 电缆。由于 PC 的串口采用 RS232 标准协议，所以 PC/PPI 电缆的一端为 RS232 端口，另一端为 RS485 端口，中间为用于设置 PC/PPI 电缆属性的 5 个开关（也有 4 个开关的 PC/PPI 电缆）。利用电缆上的 5 个开关可以设置电缆通信时的波特率及其他的配置项。开关 1 至开关 3 用于设置波特率，开关 4 和开关 5 用于设置 PC/PPI 电缆在通信连接中所处的位置。

进行通信时，如果数据从 RS232 端口向 RS485 端口传输，则电缆处于发送状态，反之是接收状态。接收状态与发送状态的相互转换需要一定时间，这个时间称为电缆的转换时间。转换时间与所设置的波特率有关。通常情况下，若电缆处于接收状态，当检测到 RS232 端口发送数据时，电缆立即从接收状态转换为发送状态。若处于发送状态的时间超过转换时间，电缆将自动切换为接收状态。

使用 PC/PPI 电缆作为传输介质时，如果使用自由口进行数据传输，程序设计时必须考虑转换时间的影响。比如在接收到 RS232 端口发送数据请求后，西门子 PLC 进行响应时，延迟时间必须大于或等于电缆的切换时间；否则，数据不能正确地传输。

（2）PROFIBUS 电缆。当通信设备距离较远时，可使用 PROFIBUS 电缆进行连接。PROFIBUS 电缆采用屏蔽双绞线，其截面积大于 0.22 mm²，阻抗为 100 ~ 200 Ω，每米电缆电容小于 60 pF，网络的最大传输距离为 1200 m。

3. 网络连接器

利用西门子公司提供的网络连接器可以很容易地把多个设备连接到网络中。RS485 连接器有两组螺钉连接端子，可以用来连接输入电缆和输出电缆。网络连接器上的选择开关可以对网络进行偏置和终端匹配。RS485 连接器中的一个连接器仅提供连接到 CPU 的接口，而另一个连接器增加了一个编程接口。带有编程接口的连接器可以把 SIMATIC 编程器或操作面板连接到网络中，而不用改动现有的网络连接。编程接口连接器把 CPU 传来的信号传到编程接口（包括电源引线），这个连接器对连接由 CPU 供电的设备（例如 TD200 或 OP3）比较适用。RS485 网络连接器，特别是 PROFIBUS 网络两端的连接器都必须接入终端电阻，而接入终端电阻后，输出端后面的网段就被隔离了，所以整个 PROFIBUS 网络的每个末端的连接器都必须使用输入端。RS485 连接器的传输原理如图 1-10 所示。

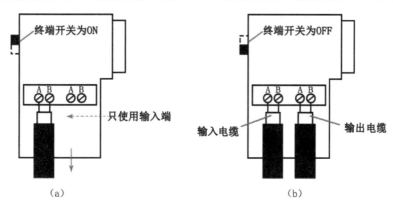

图 1-10 RS485 连接器的传输原理

4. 网络中继器

网络中继器可以延长网络通信距离，允许在网络中加入设备，并且提供了一个隔离不同网络环的方法。在一个串联网络中，最多可以使用 9 个中继器，但是网络的总长度不能超过 9600 m。在 9600 Kbps 的波特率下，50 m 距离之内，一个网段最多可以连接 32 台设备。

5.EM277PROFIBUS-DP 模块

EM277PROFIBUS-DP 模块是专门用于采用 PROFIBUS-DP 协议通信的智能扩展模块，如图 1-11 所示。DP 表示分布式外围设备，即远程 I/O，PROFIBUS 表示过程现场总线。EM277PROFIBUS-DP 模块机壳上有一个 RS485 接口，通过该接口可将西门子 PLC CPU 连接至网络，它支持 PROFIBUS-DP 和 MPI 从站协议。地址选择开关可进行地址设置，地址范围为 0 ~ 99。PROFIBUS-DP 是由欧洲标准 EN50170 和国际标准 IEC 61158 定义的一种远程 I/O 通信协议。遵守这种协议的设备，即使由不同公司制造，也是相互兼容的。

图 1-11 EM277PROFIBUS-DP 模块

6. 通信卡

西门子 PLC 在组成不同类型网络时，对计算机的要求不一样。在组成 PPI 网络时可以简单地使用 PC/PPI 电缆将 RS232 接口转化为 RS485 接口，但要组成 MPI 网络、PROFIBUS 网络，就需要在计算机上配置 CP 通信卡。

使用通信卡可以获得非常高的波特率。台式计算机与笔记本电脑使用不同的通信卡。表 1-1 给出了可供用户选择的 STEP7-Micro/Win32 支持的通信硬件和波特率。

西门子 PLC 还可以通过 EM277PROFIBUS-DP 模块连接到 PROFIBUS-DP 通信网络，各通信卡提供一个与 PROFIBUS 网络相连的 RS485 通信口。

表 1-1 STEP7-Micro/Win32 支持的通信硬件和波特率

配置	波特率	协议
RS232/PPI 和 USB/PPI 多主站电缆	1.6 ~ 187.5 Kbps	PPI
CP5511 类型、CP5512 类型 II PCMCIA 卡，适用于笔记本电脑	1.6 Kbps ~ 12 Mbps	PPI、MPI、PROFIBUS
CP5611（版本 3 以上）PCI 卡，适用于台式计算机	1.6 Kbps ~ 12 Mbps	PPI、MPI、PROFIBUS
CP1613、CP1612、SoftNet7 CPI 卡等	10 Mbps 或 100 Mbps	TCP/IP
CP1612、SoftNet7 PCMCIA 卡，适用笔记本电脑	10 Mbps 或 100 Mbps	TCP/IP

第2章

西门子 S7-200 PLC 的 PPI 通信

2.1 PPI 通信

2.1.1 PPI 协议简介

PPI 协议是一种主 - 从协议，是专门为 S7-200 PLC CPU 开发的通信协议，S7-200 PLC CPU 的通信口（端口 0、端口 1）支持 PPI 通信协议，S7-200 PLC CPU 的一些通信模块也支持 PPI 协议，STEP7-Micro/Win 与 CPU 进行编程通信也使用 PPI 协议。

PPI 通信的主站和从站在一个令牌环网（token ring network）中。当主站检测到网络中没有堵塞时，将接收令牌，只有拥有令牌的主站才可以向网络中的其他从站发出指令，从而建立 PPI 网络。主站得到令牌后可以向从站发出请求和指令，从站则对主站请求进行响应。

使用 PPI 协议可以建立最多包括 32 个主站的多主站网络。主站靠一个由 PPI 协议管理的共享连接来与从站通信，PPI 协议并不限制与任意一个从站通信的主站数量，但是在一个网络中，主站不能超过 32 个。

当网络中不止一个主站时，令牌传递前，首先检测下一个主站的站号，为便于令牌的传递，不要将主站的站号设置得过高。当一个新的主站添加到网络中的时候，一般至少经过 2 个完整的令牌传递后才会建立网络拓扑，接收令牌。对于 PPI 网络来说，暂时没有接收令牌的主站同样可以响应其他主站的请求。

2.1.2 PPI 主站的定义

西门子 S7-200 PLC PPI 通信的程序编写，要用到特殊寄存器 SMB30 和 SMB130，通过传送指令对特殊寄存器 SMB30 赋值，再通过对应的通信方式设定主站和从站。这里我们通过把 16#0A 写入 SMB30 来设置主站，把 16#08 写入 SMB130 来设置从站。S7-200 PLC CPU 使用特殊寄存器 SMB30（对端口 0）和 SMB130（对端口 1）定义通信口的通信方式，

SMB30 和 SMB130 各位的位值和含义如表 2-1、表 2-2 和图 2-1 所示。

表 2-1 16#0A 对应 SMB30 的位值

位	位 7	位 6	位 5	位 4	位 3	位 2	位 1	位 0
值	0	0	0	0	1	0	1	0

表 2-2 16#08 对应 SMB130 的位值

位	位 7	位 6	位 5	位 4	位 3	位 2	位 1	位 0
值	0	0	0	0	1	0	0	0

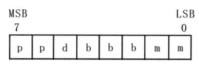

MSB   LSB
7   0

| p | p | d | b | b | b | m | m |

SMB30 对应端口 0
SMB130 对应端口 1

pp： 奇偶校验选择
     00 为无奇偶校验
     01 为偶校验
     10 为无奇偶校验
     11 为奇校验

d： 每个字符的数据位
     0 为每个字符 8 位
     1 为每个字符 7 位

bbb： 自由端口波特率
     000 对应 38400 bps
     001 对应 19200 bps
     010 对应 9600 bps
     011 对应 4800 bps
     100 对应 2400 bps
     101 对应 1200 bps
     110 对应 1152 Kbps
     111 对应 576 Kbps

mm： 协议选择
     00 为 PPI 从站模式
     01 为自由端口模式
     10 为 PPI 主站模式
     11 为保留（缺省时为 PPI 从站模式）

图 2-1 控制位的定义格式

2.2 西门子 S7-200 PLC 与西门子 S7-200 PLC 的 PPI 通信案例

1. 案例要求

在两台 S7-200 PLC（CPU 型号为 224）A、B 之间建立 PPI 网络，使两机之间相互通信，编写基本通信程序。要求如下：

（1）用 A 机的 8 个按钮控制 B 机的 8 个灯；

（2）用 B 机的 8 个按钮控制 A 机的 8 个灯。

软硬件配置：

（1）1 套 STEP7-Micro/Win V4.0 SP7；

（2）2 台 S7-200（CPU 224）；

（3）1 根 PROFIBUS 网络电缆（含 2 个网络总线连接器）；

（4）1 根 PC/PPI 电缆。

2.S7-200 PLC 与 S7-200 PLC 的 PPI 通信接线

在编写程序前，首先需要分配 A 机、B 机的主从关系和 I/O，如表 2-3 所示。

表 2-3 通信地址分配

功能	主站（A 机）	从站（B 机）
输入	IB0	IB0
输出	QB0	QB0

S7-200 PLC 与 S7-200 PLC 的 PPI 通信接线如图 2-2 所示。

图 2-2 两台 S7-200 PLC 的 PPI 通信连线

3. 向导地址分配

向导地址的分配如图 2-3 所示。

主站地址：2 A 机	QB0	←（读）	IB0	从站地址：3 B 机
	IB0	→（写）	QB0	

图 2-3 PPI 向导地址分配

4. 向导设置

1）启动指令向导

在 STEP7-Micro/WIN 命令菜单中选择"项目"→"向导"，然后选择"NETR/NETW"，启动指令向导，如图 2-4 所示。

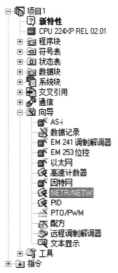

图 2-4 启动指令向导

2）选择网络读写指令数

根据向导提示选择所需网络读/写操作的条目，如图 2-5 所示。用户最多只能配置 24 项网络操作，程序会自动调配这些通信操作。

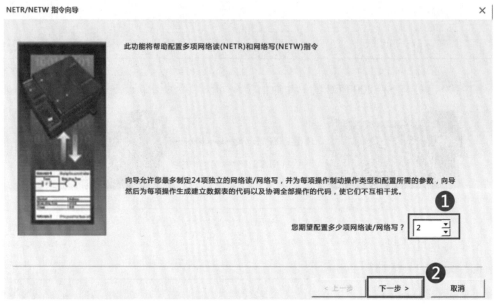

图 2-5 NETR/NETW 指令向导

3）定义通信和子程序名

根据向导提示选择通信端口 0 或端口 1 进行 PPI 通信，子程序名用默认的名称，如图 2-6 所示。

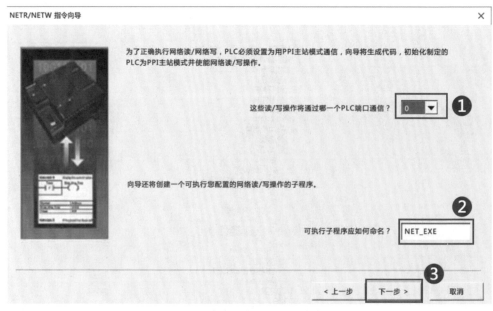

图 2-6 定义通信口和子程序名

4）定义网络操作

（1）定义 NETR（网络读）操作，如图 2-7 所示。

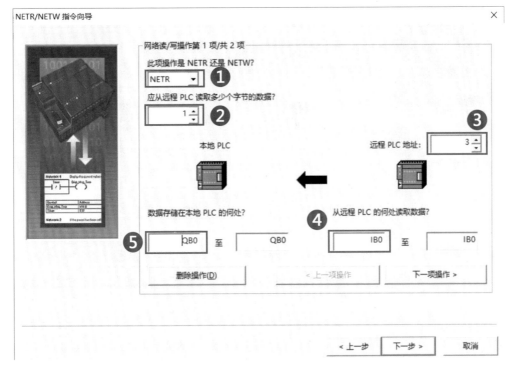

图 2-7 定义网络读操作

根据向导提示设置网络操作的细节。每一个网络操作，都要定义以下信息：

① 该网络操作是 NETR 还是 NETW；

② 应该从远程 PLC 读取多少个字节的数据或者应该向远程 PLC 写入多少个字节的数据，每条网络读写指令最多可以发送或接收 16 个字节的数据；

③ 通信的远程 PLC 地址；

④ 从远程 PLC 的何处读取数据，有效的可操作数为 VB、IB、QB、MB；

⑤ 数据存储在本地 PLC 的何处。

（2）点击图 2-7 中的"下一项操作"按钮，定义 NETW（网络写）操作参数设置与网络读操作相同，如图 2-8 所示。

5）分配 V 存储区地址

根据向导提示分配 V 存储区地址。配置的每一个网络操作都需要 12 字节的 V 存储区地址空间，本例中配置了两个网络操作，整个配置占用了 25 个字节的 V 存储区地址空间。向导自动为用户提供了建议地址，用户也可以自己定义 V 存储区地址空间的起始地址，如图 2-9 所示。

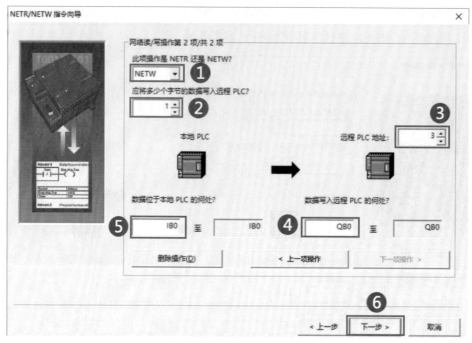

图 2-8 定义网络写操作

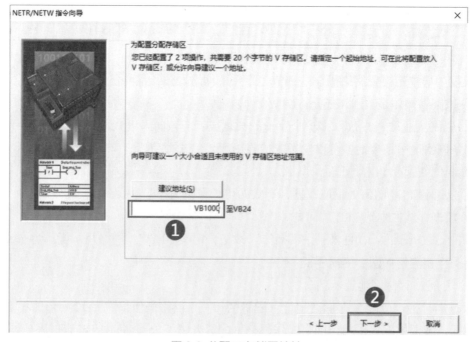

图 2-9 分配 V 存储区地址

6）生成子程序及符号表

根据"NETR/NETW 指令向导"提示生成子程序和符号表。图 2-10 显示了 NETR/NETW 指令向导将要生成的子程序、全局符号表。

图 2-10 生成子程序及符号表

5. 程序编写

（1）A 机（2#）主站程序如图 2-11 所示。更改目标 CPU 的端口地址，这里主站地址默认为"2"。从站的地址和向导中的"远程 PLC 地址"设置成一样。主站地址分配如图 2-12 所示，最高地址、重试次数及地址间隔刷新系数等端口通信参数保持不变，主站和从站的波特率要保持一致。16#0A 对应 SMB30 的位值如表 2-1 所示。

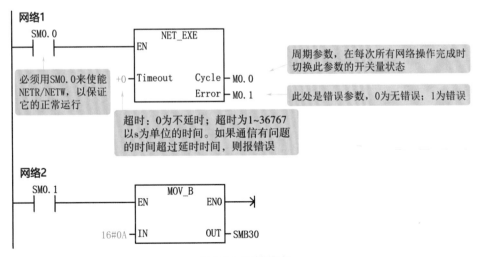

图 2-11 主站程序

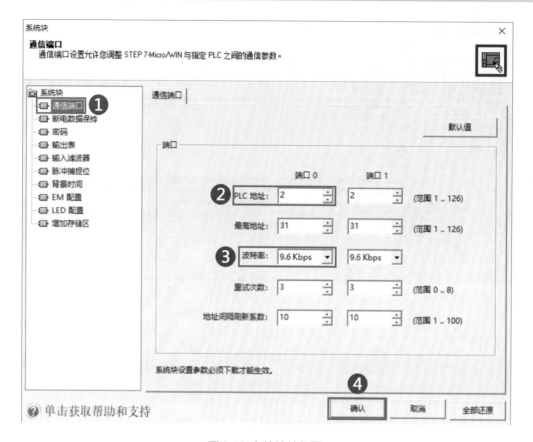

图 2-12 主站地址分配

（2）B 机（3#）从站程序如图 2-13 所示，16#08 对应 SMB130 的位值如表 2-2 所示，从站地址分配如图 2-14 所示。

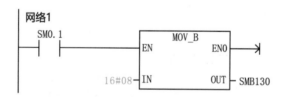

图 2-13 从站程序

从站程序不用调用子程序"NET_EXE"，只需要把 16#08 写入 SMB130 来设置从站即可，并根据在向导中设定的地址来编写从站程序。

6. 方案调试

把编写的程序分别下载到各 PLC，然后用计算机分别监视各个 PLC 的运行状态。只要程序能够正常下载到 PLC，且能够用计算机监控 PLC 的运行，就说明网络通信正常。

如果两台 PLC 不能正常通信，原因可能如下：

（1）STEP7-Micro/WIN 中设置的远程通信地址与 PLC 的实际地址不同；

（2）通信波特率与 PLC 端口的实际波特率设置不同；

（3）PLC 上的通信口和向导设置的不一致，并错误使用特殊寄存器；

（4）PROFIBUS 总线连接器连接不正确。

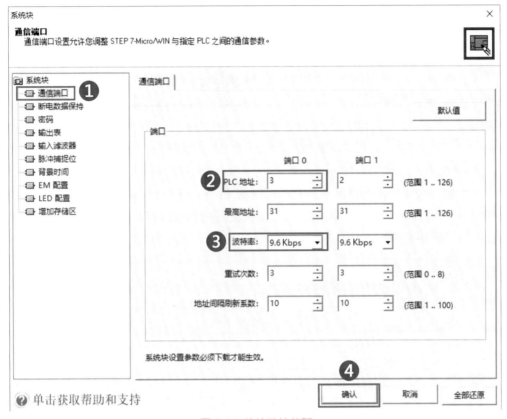

图 2-14 从站地址分配

第3章

西门子 S7-200 PLC 与西门子 V20 变频器的 USS 通信

通用串行接口（universal serial interface，USS）协议是西门子公司传动产品的通用通信协议，它是一种基于串行总线进行数据通信的协议。西门子 V20 变频器支持基于 RS485 和 RS232 的 USS 通信。由于 RS485 有着抗干扰能力强和传输距离远以及支持多点通信等特点，实际应用中使用基于 RS485 的 USS 通信居多，通常 RS232 接口只用来调试变频器。

3.1 USS 协议简介

USS 协议是主 – 从结构的协议，其规定了在 USS 总线上可以有一个主站和最多 31 个从站；总线上的每个从站都有一个站地址（在从站参数中设定），主站依靠它识别每个从站；每个从站也只对主站发来的报文做出响应并回送报文，从站之间不能直接进行数据通信。另外，USS 协议还有一种广播通信方式，主站可以同时给所有从站发送报文，从站在接收到报文并做出相应的响应后，可不回送报文。

1.USS 协议的优点

（1）对硬件设备要求低，减少了设备之间的布线。

（2）无须重新连线就可以改变控制功能。

（3）可通过串行接口设置或改变传动装置的参数。

（4）可实时监控传动系统。

2.USS 通信硬件连接注意要点

（1）条件许可的情况下，USS 主站尽量选用直流型的 CPU（针对西门子 S7-200 系列）。

（2）一般情况下，USS 通信电缆采用双绞线即可，如果干扰比较大，可采用屏蔽双绞线。

（3）在采用屏蔽双绞线作为通信电缆时，由于连接的是具有不同电位参考点的设备，所以在互连电缆中会产生不应有的电流，从而造成通信口的损坏。为了防止不应有的电流产生，要确保通信电缆连接的所有设备共用一个公共电路参考点，或者使所连接的设备相互隔离，屏蔽线必须连接到机箱接地点或 9 针连接插头的插针 1。

（4）尽量采用较高的波特率，波特率只与通信距离有关，与干扰没有直接关系，较高的波特率也不会对通信产生干扰。

（5）终端电阻的作用是防止信号反射，并不用来抗干扰。在通信距离很近、波特率较低或点对点通信的情况下，可不用终端电阻。多点通信的情况下，一般也只需在 USS 主站上加终端电阻就可以取得较好的通信效果。

（6）当使用交流型的 CPU22X 和单相变频器进行 USS 通信时，CPU22X 和变频器的电源必须接成同相位。

（7）不要带电插拔 USS 通信电缆，尤其是正在通信时，否则极易损坏传动装置和 PLC 的通信端口。如果使用大功率传动装置，即使传动装置掉电后，也要等几分钟，让电容放电后，再去插拔通信电缆。

3.2　西门子 S7-200 PLC 与西门子 V20 变频器的 USS 通信基础知识

3.2.1　西门子 S7-200 PLC 与西门子 V20 变频器的 USS 通信库指令

西门子 S7-200 PLC 与西门子 V20 变频器的 USS 通信库指令如图 3-1 所示。

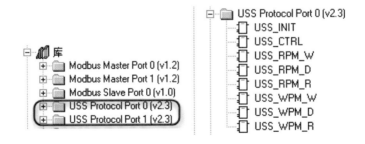

图 3-1　西门子 S7-200 PLC 与西门子 V20 变频器的 USS 通信库指令

1. 初始化指令 USS_INIT

1）初始化指令 USS_INIT 的参数说明

初始化指令 USS_INIT 的参数说明如表 3-1 所示。

表 3-1 USS_INIT 参数说明

LAD	输入 / 输出	说明	数据类型
USS_INIT EN Mode Baud Done Active Error	EN	使能	BOOL
	Mode	模式	BYTE
	Baud	通信的波特率	DWORD
	Active	激活的驱动器	DWORD
	Done	完成初始化	BOOL
	Error	错误代码	BYTE

2）初始化指令 USS_INIT 详细介绍

EN：初始化程序。USS_INIT 只需在程序中执行一个周期就能改变通信口的功能，以及进行其他一些必要的初始设置，可以使用 SM0.1 或者沿触发的信号调用 USS_INIT 指令。

Mode：模式选择。执行 USS_INIT 时，Mode 的状态决定了是否在端口 0 上使用 USS 通信功能，模式选择说明如表 3-2 所示。

表 3-2 模式选择说明

Mode 状态	模式说明
1	设置在端口 0 使用 USS 通信功能并进行相关初始化
0	恢复端口 0 为 PPI 从站模式

Baud：USS 通信的波特率。此参数要和变频器的参数设置一致。

Done：初始化完成标志。

Error：初始化错误代码。

Active：激活的驱动器。此参数决定了网络中的哪些 USS 从站在通信中有效。在该接口处填写通信的站地址，被激活的位为 1，即表示与几号从站通信。例如：与 3 号从站通信，则 3 号位被激活为 1，得到 2#1000，转为 16#08。通信站地址激活如图 3-2 所示。

图 3-2 通信站地址激活

2. 驱动器控制指令 USS_CTRL

1）驱动器控制指令 USS_CTRL 的参数

驱动器控制指令 USS_CTRL 的参数说明如表 3-3 所示。

表 3-3 USS_CTRL 指令参数说明

LAD	输入 / 输出	说明	数据类型
USS_CTRL EN RUN OFF2 OFF3 F_ACK DIR Drive　　Resp_R Type　　Error Speed_SP　Status 　　　Speed 　　　Run_EN 　　　D_Dir 　　　Inhibit 　　　Fault	EN	使能	BOOL
	RUN	运行，表示驱动器是 ON（1）还是 OFF（0）	BOOL
	OFF2	允许驱动器快速停止	BOOL
	OFF3	允许驱动器滑行停止	BOOL
	F_ACK	故障复位	BOOL
	DIR	电机应当移动的方向	BOOL
	Drive	驱动器的地址	BYTE
	Type	选择驱动器的类型	BYTE
	Speed_SP	驱动器速度	REAL
	Resp_R	收到应答	BOOL
	Error	通信请求结果的错误字节	BYTE
	Status	驱动器返回的状态字原始数值	WORD
	Speed	全速百分比	REAL
	Run_EN	指示变频器运行状况：运行中（1）；已停止（0）	BOOL
	D_Dir	表示驱动器的旋转方向	BOOL
	Inhibit	驱动器上的禁止位状态	BOOL
	Fault	故障位状态	BOOL

2）驱动器控制指令 USS_CTRL 参数详细介绍

EN：使能。

RUN：驱动器的启动 / 停止控制，如表 3-4 所示。

表 3-4 驱动装置的启动 / 停止控制

状态	模式
0	停止
1	运行

OFF2：停车信号 2。此信号为 1 时，驱动器将封锁主回路输出，电机快速停车。

OFF3：停车信号 3。此信号为 1 时，驱动器将自由停车。

F_ACK：故障复位。在驱动器发生故障后，将通过状态字向 USS 主站报告；如果造成故障的原因排除，可以使用此输入端清除驱动器的报警状态，即复位。注意，这是针对驱动器的操作。

DIR：电机运转方向。其 0/1 状态决定了运行方向。

Drive：驱动器在 USS 网络中的地址。从站必须在初始化时激活才能通过 PLC 进行控制。

Type：向 USS_CTRL 功能块指示驱动器类型，驱动器类型如表 3-5 所示。

表 3-5 驱动器类型

状态	驱动器
0	MM3 系列或更早的产品
1	MM4 系列，SINAMICSG110

Speed_SP：速度设定值。速度设定值必须是一个实数，给出的数值是变频器的频率范围百分比还是绝对的频率值取决于变频器中的参数设置（如 MM440 的 P2009）。

Resp_R：从站应答确认信号。主站从 USS 从站收到有效的数据后，此位将为 1。

Error：错误代码。0 为无差错。

Status：驱动器的状态字。此状态字直接来自驱动器，表示当时的实际运行状态。详细的状态字信息含义请参考相应的驱动器手册。

Speed：全速百分比。

Run_EN：运行模式反馈，表示驱动器是运行（为 1）还是停止（为 0）。

D_Dir：指示驱动器的运转方向，反馈信号。

Inhibit：驱动器禁止状态指示（0 为未禁止，1 为禁止状态）。禁止状态下，驱动器无法运行。要清除禁止状态，故障位必须复位，并且 RUN、OFF2 和 OFF3 都为 0。

Fault：故障指示位（0 为无故障，1 为有故障）。驱动器处于故障状态，驱动器上会显示故障代码（如果有显示装置）。要复位故障报警状态，必须先消除引起故障的原因，然后用 F_ACK、驱动器的端子或操作面板复位故障状态。

3. 变频器参数读取指令

1）变频器参数读取指令 USS_RPM_W 的参数说明

USS_RPM_W 指令用于读取无符号字参数，其参数说明如表 3-6 所示。

表 3-6 USS_RPM_W 指令参数说明

LAD	输入 / 输出	说明	数据类型
	EN	使能	BOOL
	XMT_REQ	发送请求	BOOL
USS_RPM_W EN XMT_REQ Drive Done Param Error Index Value DB_Ptr	Drive	读取设备站地址	BYTE
	Param	参数号	WORD
	Index	参数下标	WORD
	DB_Ptr	读取数据缓存区	DWORD
	Done	读取功能完成标志	BOOL
	Error	错误代码	BYTE
	Value	读出的数据值	WORD

2）变频器参数读取指令 USS_RPM_D 的参数说明

USS_RPM_D 指令用于读取无符号双字参数，其参数说明如表 3–7 所示。

表 3-7 USS_RPM_D 指令参数说明

LAD	输入 / 输出	说明	数据类型
USS_RPM_D EN XMT_REQ Drive　　Done Param　　Error Index　　Value DB_Ptr	EN	使能	BOOL
	XMT_REQ	发送请求	BOOL
	Drive	读取设备站地址	BYTE
	Param	参数号	WORD
	Index	参数下标	WORD
	DB_Ptr	读取数据缓存区	DWORD
	Done	读取功能完成标志	BOOL
	Error	错误代码	BYTE
	Value	读出的数据值	DWORD

3）变频器参数读取指令 USS_RPM_R 的参数说明

USS_RPM_R 指令用于读取实数，其参数说明如表 3–8 所示。

表 3-8 USS_RPM_R 指令参数说明

LAD	输入 / 输出	说明	数据类型
USS_RPM_R EN XMT_REQ Drive　　Done Param　　Error Index　　Value DB_Ptr	EN	使能	BOOL
	XMT_REQ	发送请求	BOOL
	Drive	读取设备站地址	BYTE
	Param	参数号	WORD
	Index	参数下标	WORD
	DB_Ptr	读取数据缓存区	DWORD
	Done	读取功能完成标志	BOOL
	Error	错误代码	BYTE
	Value	读出的数据值	REAL

4）变频器参数读取功能块详细介绍

EN：使能，此输入端必须为 1。

XMT_REQ：发送请求。必须使用一个沿检测触点以触发读操作，它前面的触发条件必须与 EN 端输入一致。

Drive：读取参数的驱动装置在 USS 网络中的地址。

Param：参数号（仅数字）。

Index：参数下标。有些参数是由多个带下标的参数组成的一个参数组，下标用来指示具体的某个参数。对于没有下标的参数，可设置为 0。

DB_Ptr：读取指令需要一个 16 字节的数据缓冲区，可用间接寻址形式给出一个起始地址。此数据缓冲区与库存储区不同，是每个指令各自独立需要的。

注：此数据缓冲区不能与其他数据区重叠，各指令之间的数据缓冲区也不能冲突。

Done：读取功能完成标志位，读写完成后置为 1。

Error：错误代码。0 为无错误。

Value：读出的数据值。要指定一个单独的数据存储单元。

注：EN 和 XMT_REQ 的触发条件必须同时有效，EN 必须持续到读取功能完成（Done 为 1），否则会出错。

4. 变频器参数写入指令

1）变频器参数写入指令 USS_WPM_W 的参数说明

USS_WPM_W 指令用于写入无符号字参数，其参数说明如表 3-9 所示。

表 3-9 USS_WPM_W 指令参数说明

LAD	输入 / 输出	说明	数据类型
USS_WPM_W EN XMT_REQ EEPROM Drive　Done Param　Error Index Value DB_Ptr	EN	使能	BOOL
	XMT_REQ	发送请求	BOOL
	EEPROM	参数写入 EEPROM	BOOL
	Drive	写入设备站地址	BYTE
	Param	参数号	WORD
	Index	参数下标	WORD
	Value	写入的数据值	WORD
	DB_Ptr	写入数据缓存区	DWORD
	Done	写入功能完成标志位	BOOL
	Error	错误代码	BYTE

2）变频器参数写入指令 USS_WPM_D 的参数说明

USS_WPM_D 指令用于写入无符号双字参数，其参数说明如表 3-10 所示。

表 3-10 USS_WPM_D 指令参数说明

LAD	输入 / 输出	说明	数据类型
USS_WPM_D EN XMT_REQ EEPROM Drive　Done Param　Error Index Value DB_Ptr	EN	使能	BOOL
	XMT_REQ	发送请求	BOOL
	EEPROM	参数写入 EEPROM	BOOL
	Drive	写入设备站地址	BYTE
	Param	参数号	WORD
	Index	参数下标	WORD
	Value	写入的数据值	DWORD
	DB_Ptr	写入数据缓存区	DWORD
	Done	写入功能完成标志位	BOOL
	Error	错误代码	BYTE

3）变频器参数写入指令 USS_WPM_R 的参数说明

USS_WPM_R 指令用于写入实数（浮点数）参数，其参数说明如表 3-11 所示。

表 3-11 USS_WPM_R 指令参数说明

LAD	输入 / 输出	说明	数据类型
USS_WPM_R EN XMT_REQ EEPROM Drive Done Param Error Index Value DB_Ptr	EN	使能	BOOL
	XMT_REQ	发送请求	BOOL
	EEPROM	参数写入 EEPROM	BOOL
	Drive	写入设备站地址	BYTE
	Param	参数号	WORD
	Index	参数下标	WORD
	Value	写入的数据值	REAL
	DB_Ptr	写入数据缓存区	DWORD
	Done	写入功能完成标志位	BOOL
	Error	错误代码	BYTE

4）变频器参数写入功能块详细介绍

EN：使能读写指令，此输入端必须为 1。

XMT_REQ：发送请求。必须使用一个沿检测触点以触发写操作，它前面的触发条件必须与 EN 端输入一致。

EEPROM：将参数写入 EEPROM 中，由于 EEPROM 的写入次数有限，若始终接通 EEPROM 很快就会损坏，通常该位用 SM0.0 的常闭触点接通。

Drive：写入参数的驱动装置在 USS 网络中的地址。

Param：参数号（仅数字）。

Index：参数下标。有些参数是由多个带下标的参数组成的一个参数组，下标用来指示具体的某个参数。对于没有下标的参数，可设置为 0。

Value：写入的数据值。要指定一个单独的数据存储单元。

DB_Ptr：写入指令需要一个 16 字节的数据缓冲区，可用间接寻址形式给出一个起始地址。此数据缓冲区与库存储区不同，是每个指令（功能块）各自独立需要的。

注：此数据缓冲区不能与其他数据区重叠，各指令之间的数据缓冲区也不能冲突

Done：写入功能完成标志位，读写完成后置 1。

Error：出错代码。0 表示无错误。

注：EN 和 XMT_REQ 的触发条件必须同时有效，EN 必须持续到写入功能完成（Done 为 1），否则会出错。

3.2.2 分配库存储区

利用指令库编程前，首先应为其分配存储区，否则软件编译时会报错。分配库存储区的具体方法如下。

执行 STEP7–Micro/Win 命令"程序块"→"库存储区",如图 3–3 所示,打开"库存储区分配"对话框。

图 3-3 库存储区分配(1)

在"库存储区分配"对话框中输入库存储区的起始地址,注意避免该地址和程序中已经采用或准备采用的其他地址重合。点击"建议地址"按钮,系统将自动计算存储区的截止地址,然后点击"确定"即可,如图 3–4 所示。

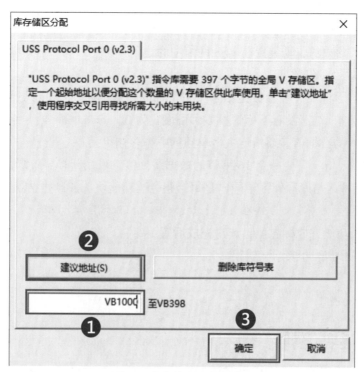

图 3-4 库存储区分配(2)

3.3 西门子 S7-200 PLC 与西门子 V20 变频器通信案例

3.3.1 西门子 S7-200 PLC 与 1 台西门子 V20 变频器 USS 通信案例

1. 案例要求

西门子 S7-200 PLC 通过 USS 通信控制 V20 变频器。I0.0 启动变频器，I0.1 立即停车变频器，I0.2 自由停车变频器，I0.3 复位变频器故障，I0.4 控制变频器正转，I0.5 控制变频器反转。

2.PLC 程序 I/O 分配

PLC 程序 I/O 分配如表 3-12 所示。

表 3-12 I/O 分配表

输入	功能
I0.0	启动
I0.1	立即停车
I0.2	自由停车
I0.3	故障复位
I0.4	正转
I0.5	反转

3. 西门子 V20 变频器基本参数设置

（1）恢复 V20 变频器工厂默认值：设置 P0010 为 30，设置 P0970 为 1，按下"OK"键，开始复位。

（2）设置电机参数：电动机参数设置如表 3-13 所示。电机参数设置完成后，再将 P0010 设置为 0，变频器即处于准备状态，可正常运行。

表 3-13 设置电机基本参数

参数号	出厂值	设置值	说明
P0003	1	3	将用户访问级设置为专家级
P0010	0	1	快速调试
P0100	0	0	功率以 kW 表示，频率为 50 Hz
P0304	230	220	电机额定电压（V）
P0305	1.29	1.93	电机额定电流（A）
P0307	0.75	0.37	电机额定功率（kW）
P0310	50	50	电机额定频率 (Hz)
P0311	0	1400	电机额定转速 (r/min)
P0010	1	0	退出快速调试

（3）设置 V20 变频器的通信参数、控制方式，如表 3-14 所示。

表 3-14 变频器通信参数控制方式设置

参数号	参数功能	设置值	说明
P0700	选择命令源	5	0：出厂默认设置 1：操作面板（键盘） 2：端子 5：RS485 上的 USS / Modbus
P1000	频率设定值选择	5	0：无主设定值 1：MOP 设定值 2：模拟量设定值 3：固定频率 5：RS485 上的 USS
P1120	加速时间	2	斜坡上升时间 2 s
P1121	减速时间	2	斜坡下降时间 2 s
P2010	设定 USS / Modbus 通信的波特率	6	6：9600 bps 7：19200 bps 8：38400 bps 9：57600 bps 10：76800 bps 11：93750 bps 12：115200 bps
P2011	设置变频器的唯一地址	1	范围：0 至 31
P2023	协议选择	1	1：USS 2：Modbus

4. 西门子 S7-200 PLC 与西门子 V20 变频器 USS 通信的接线

1）西门子 V20 变频器通信端口

西门子 V20 变频器的通信端口如图 3-5 所示。

图 3-5 西门子 V20 变频器的通信端口

与 USS 通信有关的前面板端子的名称与功能如表 3-15 所示。PROFIBUS 电缆的红色芯线应当压入端子 6，绿色芯线应当连接到端子 7。

表 3-15 V20 USS 通信端口的名称与功能

端子号	名称	功能
6	P+	RS485 信号 +
7	N–	RS485 信号 –

2）西门子 S7-200 PLC 通信端口

西门子 S7-200 PLC 的通信端口的名称与功能如表 3-16 所示。

表 3-16 西门子 S7-200 PLC 通信端口的名称与功能

端子号	名称	功能
3	+	RS485 信号 +
8	–	RS485 信号 –

西门子 S7-200 PLC 与西门子 V20 变频器 USS 通信的端口接线如图 3-6 所示。

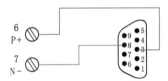

图 3-6 西门子 S7-200 PLC 与西门子 V20 变频器 USS 通信端口接线图

3）西门子 S7-200 PLC 与西门子 V20 变频器 USS 通信接线

西门子 S7-200 PLC 与西门子 V20 变频器 USS 通信接线如图 3-7 所示。

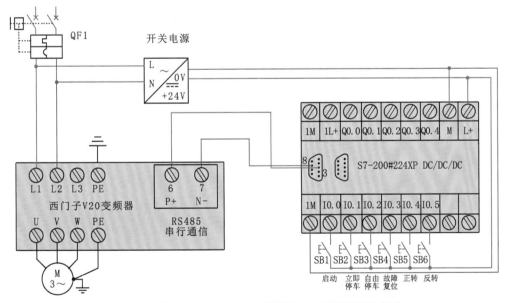

图 3-7 西门子 S7-200 PLC 与西门子 V20 变频器通信接线

4）西门子 S7-200 PLC 与西门子 V20 变频器 USS 通信实物接线

西门子 S7-200 PLC 与西门子 V20 变频器 USS 通信实物接线如图 3-8 所示。

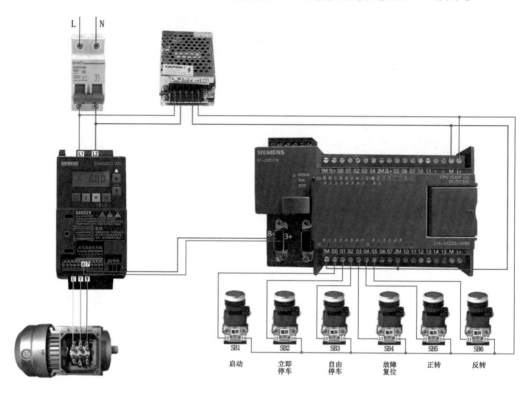

SB1　　SB2　　SB3　　SB4　　SB5　　SB6
启动　　立即　　自由　　故障　　正转　　反转
　　　　停车　　停车　　复位

图 3-8 西门子 S7-200 PLC 与 V20 变频器 USS 通信实物接线

5. 西门子 S7-200 PLC 与西门子 V20 变频器 USS 通信程序图

PLC 程序如图 3-9 所示。

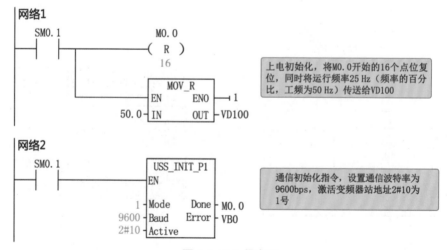

网络1

SM0.1 — M0.0 (R) 16

MOV_R
EN　ENO
50.0 — IN　OUT — VD100

上电初始化，将M0.0开始的16个点位复位，同时将运行频率25 Hz（频率的百分比，工频为50 Hz）传送给VD100

网络2

SM0.1 — USS_INIT_P1
EN
1 — Mode　Done — M0.0
9600 — Baud　Error — VB0
2#10 — Active

通信初始化指令，设置通信波特率为9600bps，激活变频器站地址2#10为1号

图 3-9 PLC 程序图

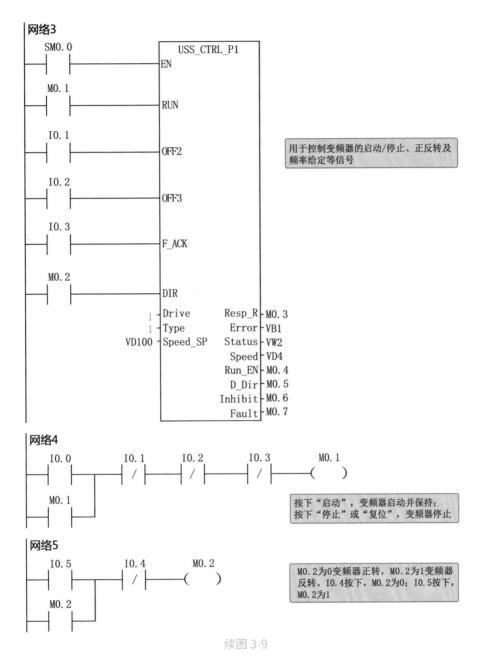

续图 3-9

3.3.2 ▶ 西门子 S7-200 PLC 与 4 台西门子 V20 变频器 USS 通信案例

1. 案例要求

西门子 S7–200 PLC 通过 USS 通信控制 4 台西门子 V20 变频器。PLC 中 I0.0 启动从站 1 变频器，I0.1 立即停车从站 1 变频器，I0.2 自由停车从站 1 变频器，I0.3 复位从站 1 变频器故障，I0.4 控制从站 1 变频器正转，I0.5 控制从站 1 变频器反转；PLC 中 I0.6 启动从站 2 变频器，I0.7 立即停车从站 2 变频器，I1.0 自由停车从站 2 变频器，I1.1 复位从站 2 变频器故障，I1.2 控制从站 2 变频器正转，I1.3 控制从站 2 变频器反转；PLC 中 I1.4 启动从站 3 变频器，I1.5 立即停车从站 3 变频器，I2.0 自由停车从站 3 变频器，I2.1 复位从站 3 变频器故障，I2.2 控制从站 3 变频器正转，I2.3 控制从站 3 变频器反转；PLC 中 I2.4 启动从站 4 变频器，I2.5 立即停车从站 4 变频器，I2.6 自由停车从站 4 变频器，I2.7 复位从站 4 变频器故障，I3.0 控制从站 4 变频器正转，I3.1 控制从站 4 变频器反转。

2.PLC 程序 I/O 分配

PLC 程序 I/O 分配表如表 3-17 所示。

表 3-17 I/O 分配表

输入	功能	输入	功能
I0.0	从站 1 启动	I1.4	从站 3 启动
I0.1	从站 1 立即停车	I1.5	从站 3 立即停车
I0.2	从站 1 自由停车	I2.0	从站 3 自由停车
I0.3	从站 1 故障复位	I2.1	从站 3 故障复位
I0.4	从站 1 正转	I2.2	从站 3 正转
I0.5	从站 1 反转	I2.3	从站 3 反转
I0.6	从站 2 启动	I2.4	从站 4 启动
I0.7	从站 2 立即停车	I2.5	从站 4 立即停车
I1.0	从站 2 自由停车	I2.6	从站 4 自由停车
I1.1	从站 2 故障复位	I2.7	从站 4 故障复位
I1.2	从站 2 正转	I3.0	从站 4 正转
I1.3	从站 2 反转	I3.1	从站 4 反转

3.V20 变频器基本参数设置

（1）恢复变频器工厂默认值与设置电机参数的方法同前述。

（2）设置变频器的通信参数。1 号变频器的通信参数设置如表 3-18 所示，2 号、3 号和 4 号变频器通信参数设置值中的 P2011 分别设置为 2、3、4，其他参数与 1 号变频器相同。

表 3-18 设置变频器 V20 的 USS 通信参数

参数号	参数功能	设置值	说明
P0700	选择命令源	5	0：出厂默认设置 1：操作面板（键盘） 2：端子 5：RS485 上的 USS / Modbus
P1000	频率设定值选择	5	0：无主设定值 1：MOP 设定值 2：模拟量设定值 3：固定频率 5：RS485 上的 USS
P1120	加速时间	2	斜坡上升时间 2 s
P1121	减速时间	2	斜坡下降时间 2 s
P2010	设定 USS / Modbus 通信的波特率	6	6：9600 bps 7：19200 bps 8：38400 bps 9：57600 bps 10：76800 bps 11：93750 bps 12：115200 bps
P2011	设置变频器的唯一地址	1	范围：0 至 31
P2023	协议选择	1	1：USS 2：Modbus

4. 西门子 S7-200 PLC 与西门子 V20 变频器 USS 通信接线

1）西门子 V20 变频器通信端口

西门子 V20 变频器通信端口如图 3-10 所示。

图 3-10 西门子 V20 变频器通信端口

与 USS 通信有关的前面板端口说明如表 3-19 所示。PROFIBUS 电缆的红色芯线应当压入端子 6；绿色芯线应当连接到端子 7。

表 3-19 V20 变频器 USS 通信端子端口说明

端子号	名称	功能
6	P+	RS485 信号 +
7	N-	RS485 信号 -

2）西门子 S7-200 PLC 通信端口

S7-200 PLC 通信端口说明如表 3-20 所示。

表 3-20 西门子 S7-200 PLC 通信端口说明

端子号	名称	功能
3	+	RS485 信号 +
8	-	RS485 信号 -

西门子 S7-200 PLC 与西门子 V20 变频器 USS 通信端口接线如图 3-11 所示。

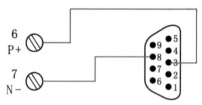

图 3-11 西门子 S7-200 PLC 与西门子 V20 变频器通信线接线示意图

3）一分四 RS485 集线器介绍

本案例采用 GC-3024 RS485 集线器，它是一款专为解决电磁场环境下 RS485 大系统要求而设计的总线分割集线器（HUB）。该产品支持波特率最高达 115.2 Kbps，为了保证数据通信的安全可靠，RS485 接口端采用光电隔离技术，内置的光电隔离器及 600 W 浪涌保护电路，能够提供 1500 V 的隔离电压，可以有效地抑制闪电和静电释放，同时可以有效地防止雷击和共地干扰，供电采用外接开关电源，安全可靠，非常适合户外工程应用。

在 RS485 工作模式下，集线器采用的判别电路能够自动感知数据流方向，并且自动切换使能控制电路，轻松解决 RS485 收发转换延时问题。RS485 接口传输距离大于 1200 m，性能稳定。该集线器广泛应用于高速公路收费系统、道路监控系统及电力采集等系统中，是一款性能卓越、可靠性高的数据接口转换产品。

GC-3024 RS485 集线器提供星形 RS485 总线连接。各端口都具有短路、开路保护。用户可以轻松改变 RS485 总线结构，分割网段，提高通信可靠性。当雷击或者设备故障产生时，出现问题的网段将被隔离，以确保其他网段正常工作。这一性能大大提高了现有 RS485 网络的可靠性，有效缩短了网络的维护时间。

合理利用 GC-3024 RS485 集线器可以设计出独特的高可靠 RS485 系统。

一分四 GC-3024 RS485 集线器实物图如图 3-12 所示，其输入端、输出端的标识与定义分别如表 3-21、表 3-22 所示。

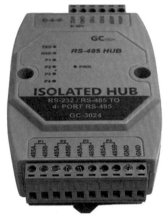

图 3-12 一分四 GC-3024 RS485 集线器

表 3-21 一分四 GC-3024 RS485 集线器输入端标识与定义

端子	标识	定义
1	VCC	电源 9~40 V
2	GND	电源负极
		RS232 地
3	TXD	RS232 发送
4	RXD	RS232 接收
5	485B	RS485 –
6	485A	RS485 +
⊖—⊂—⊕		电源插座

表 3-22 一分四 GC-3024 RS485 集线器输出端标识与定义

端子	标识	定义
1	485A	P1 RS485 +
2	485B	P1 RS485 –
3	485A	P1 RS485 +
4	485B	P1 RS485 –
5	485A	P1 RS485 +
6	485B	P1 RS485 –
7	485A	P1 RS485 +
8	485B	P1 RS485 –
9	GND	隔离地
10	GND	隔离地

4）西门子 S7-200 PLC 与 4 台西门子 V20 变频器 USS 通信接线

西门子 S7-200 PLC 与 4 台西门子 V20 变频器 USS 通信接线如图 3-13 所示。

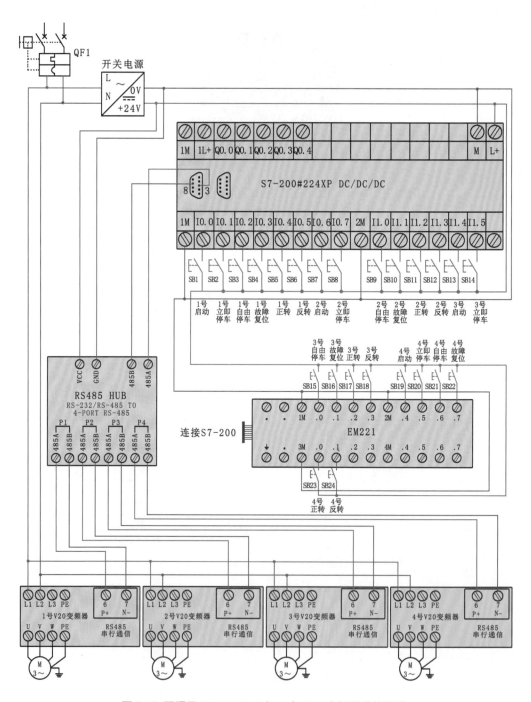

图 3-13 西门子 S7-200 PLC 与 4 台 V20 变频器通信接线

5）西门子 S7-200 PLC 与 4 台西门子 V20 变频器 USS 通信实物接线

西门子 S7-200 PLC 与 4 台西门子 V20 变频器 USS 通信实物接线如图 3-14 所示。

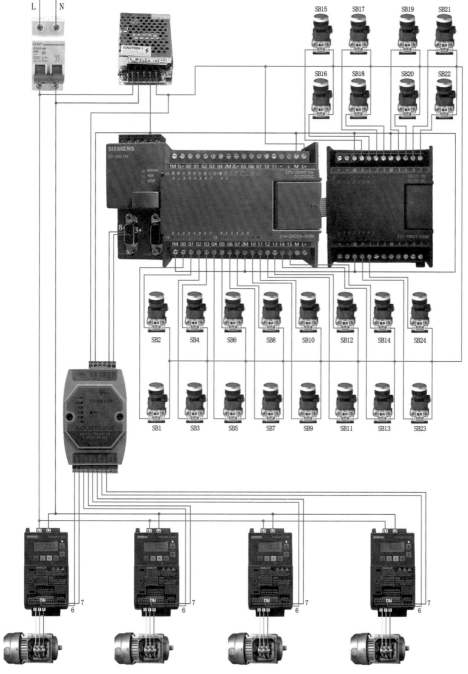

图 3-14 西门子 PLC 与 4 台 V20 变频器 USS 通信实物接线

5. 西门子 S7-200 PLC 与 4 台西门子 V20 变频器 USS 通信程序图

PLC 程序如图 3-15 所示。

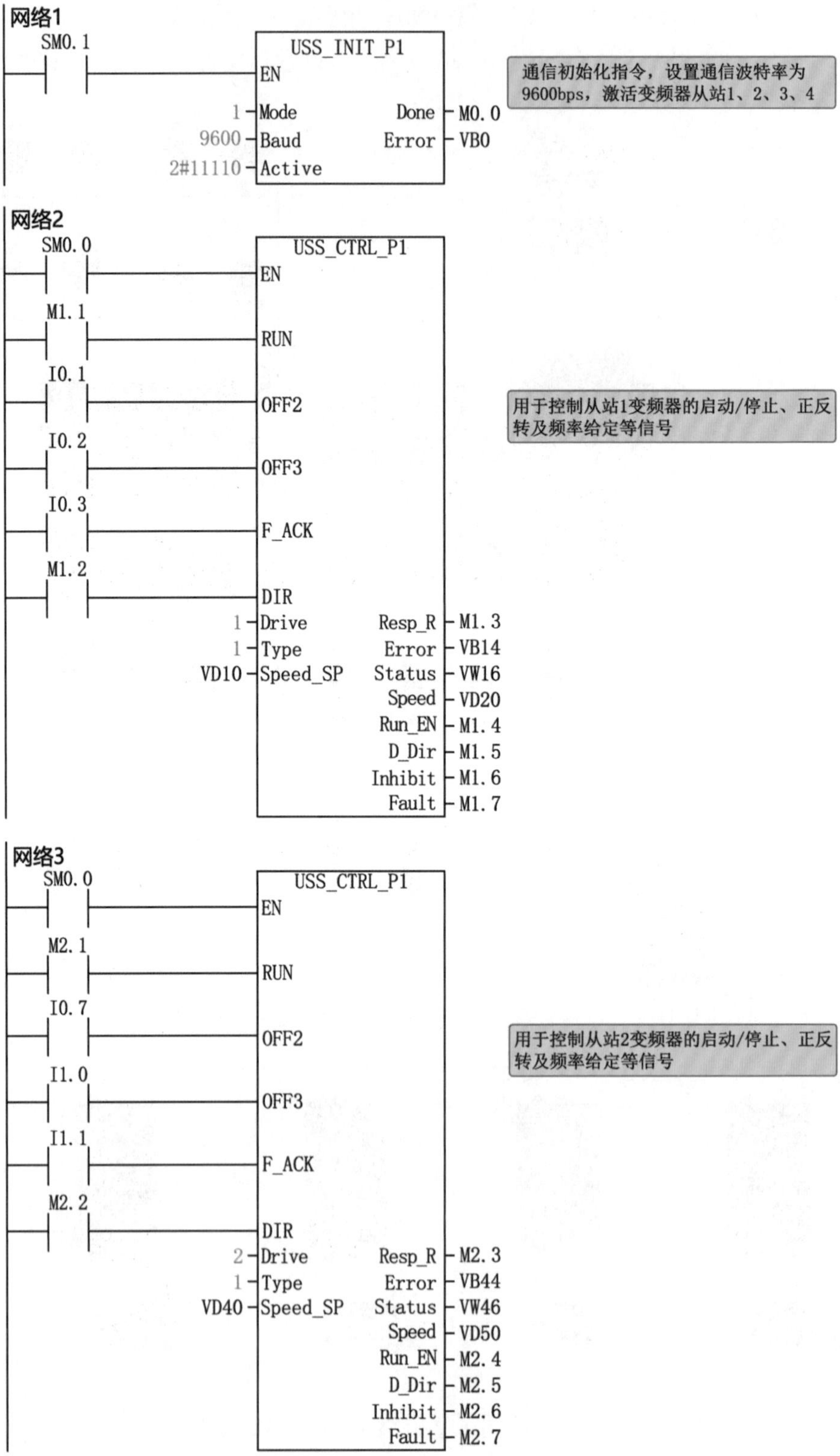

网络1

```
          SM0.1              USS_INIT_P1
           ┤├           ─EN
                      1 ─Mode      Done─ M0.0
                   9600 ─Baud      Error─ VB0
                2#11110 ─Active
```

通信初始化指令，设置通信波特率为9600bps，激活变频器从站1、2、3、4

网络2

```
          SM0.0              USS_CTRL_P1
           ┤├           ─EN
          M1.1
           ┤├           ─RUN
          I0.1
           ┤├           ─OFF2
          I0.2
           ┤├           ─OFF3
          I0.3
           ┤├           ─F_ACK
          M1.2
           ┤├           ─DIR
                      1 ─Drive    Resp_R─ M1.3
                      1 ─Type      Error─ VB14
                  VD10 ─Speed_SP  Status─ VW16
                                   Speed─ VD20
                                  Run_EN─ M1.4
                                   D_Dir─ M1.5
                                 Inhibit─ M1.6
                                   Fault─ M1.7
```

用于控制从站1变频器的启动/停止、正反转及频率给定等信号

网络3

```
          SM0.0              USS_CTRL_P1
           ┤├           ─EN
          M2.1
           ┤├           ─RUN
          I0.7
           ┤├           ─OFF2
          I1.0
           ┤├           ─OFF3
          I1.1
           ┤├           ─F_ACK
          M2.2
           ┤├           ─DIR
                      2 ─Drive    Resp_R─ M2.3
                      1 ─Type      Error─ VB44
                  VD40 ─Speed_SP  Status─ VW46
                                   Speed─ VD50
                                  Run_EN─ M2.4
                                   D_Dir─ M2.5
                                 Inhibit─ M2.6
                                   Fault─ M2.7
```

用于控制从站2变频器的启动/停止、正反转及频率给定等信号

图 3-15 PLC 程序图

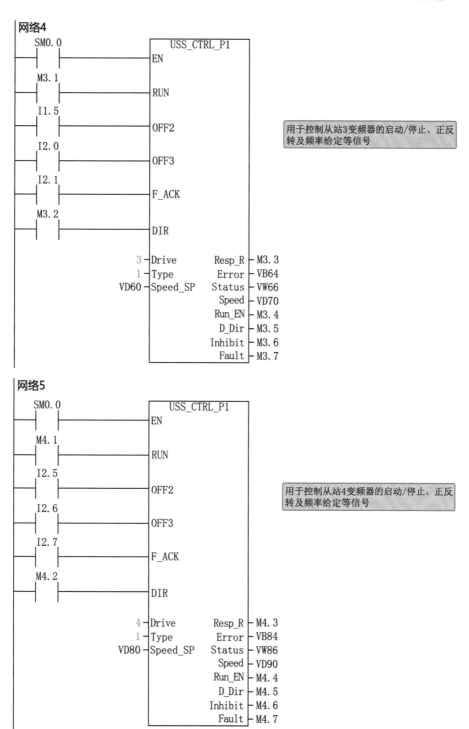

网络4

SM0.0 —| |— EN   USS_CTRL_P1
M3.1 —| |— RUN
I1.5 —| |— OFF2
I2.0 —| |— OFF3
I2.1 —| |— F_ACK
M3.2 —| |— DIR

3 — Drive   Resp_R — M3.3
1 — Type   Error — VB64
VD60 — Speed_SP   Status — VW66
Speed — VD70
Run_EN — M3.4
D_Dir — M3.5
Inhibit — M3.6
Fault — M3.7

用于控制从站3变频器的启动/停止、正反转及频率给定等信号

网络5

SM0.0 —| |— EN   USS_CTRL_P1
M4.1 —| |— RUN
I2.5 —| |— OFF2
I2.6 —| |— OFF3
I2.7 —| |— F_ACK
M4.2 —| |— DIR

4 — Drive   Resp_R — M4.3
1 — Type   Error — VB84
VD80 — Speed_SP   Status — VW86
Speed — VD90
Run_EN — M4.4
D_Dir — M4.5
Inhibit — M4.6
Fault — M4.7

用于控制从站4变频器的启动/停止、正反转及频率给定等信号

续图 3-15

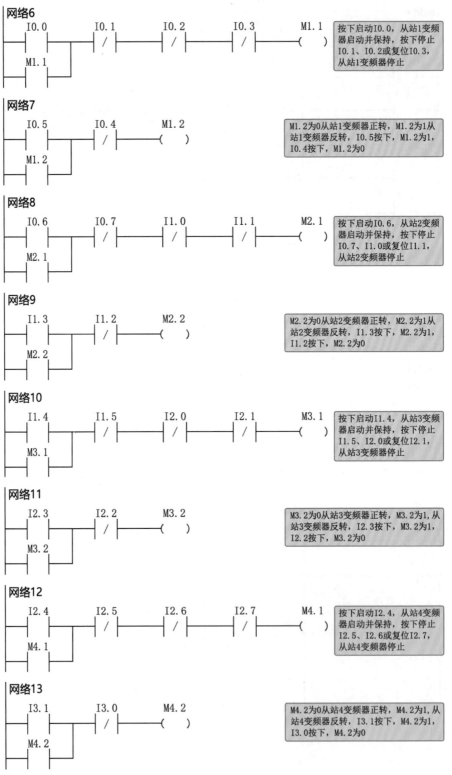

续图 3-15

第4章

西门子 S7-200 PLC 与台达变频器的 Modbus 通信

4.1　Modbus 通信

4.1.1　Modbus 协议

Modbus 协议是 Modicon 公司提出的一种报文传输协议，它广泛应用于工业控制领域，并已经成为一种通用的行业标准。不同厂商提供的控制设备可通过 Modbus 协议连成通信网络，从而实现集中控制。

根据传输网络类型，Modbus 通信协议又分为串行链路 Modbus 协议和基于 TCP/IP 协议的 Modbus 协议，本书所讲的通信方式主要用到串行链路 Modbus 协议。

串行链路 Modbus 协议只有一个主站，可以有 1 ~ 247 个从站。Modbus 通信只能从主站发起，从站在未收到主站的请求时，不能发送数据或互相通信。

串行链路 Modbus 协议的通信接口可采用 RS485 接口，也可使用 RS232C 接口。其中，RS485 接口可用于远距离通信，RS232C 接口只能用于短距离通信。

4.1.2　Modbus 寻址

Modbus 地址通常是包含数据类型和偏移量的 5 个或 6 个字符值。第一个或前两个字符决定数据类型，后面的四个字符是符合数据类型的一个适当的值。Modbus 主设备指令能将地址映射至正确的功能，以便将指令发送到从站。

Modbus 主设备指令支持下列 Modbus 地址：

（1）00001 ~ 09999 对应离散输出（线圈）；

（2）10001 ~ 19999 对应离散输入（触点）；

（3）30001 ~ 39999 对应输入寄存器（通常是模拟量输入）；

（4）40001 ~ 49999 对应保持寄存器（V 存储区）。

其中，离散输出（线圈）和保持寄存器支持读取和写入请求，而离散输入（触点）和输入寄存器仅支持读取请求。地址参数的具体值应与 Modbus 从站支持的地址一致。

4.2 西门子 S7-200 PLC 的 Modbus 通信的基础知识

4.2.1 通信地址

Modbus 地址与 S7-200 PLC 地址的对应关系如表 4-1 所示。

表 4-1 Modbus 地址与 S7-200 PLC 地址的对应关系

Modbus 地址	S7-200 PLC 地址
000001	Q0.0
000002	Q0.1
000003	Q0.2
…	…
000127	Q15.6
000128	Q15.7
010001	I0.0
010002	I0.1
010003	I0.2
…	…
010127	I15.6
010128	I15.7
030001	AIW0
030002	AIW2
030003	AIW4
…	…
030032	AIW62
040001	HoldStart
040002	HoldStart+2
040003	HoldStart+4
…	…
04×××	HoldStart+2$^{(××× -1)}$

所有 Modbus 地址均以 1 为基位，即第一个数据值从地址 1 开始，有效地址范围取决于从站。不同的从站将支持不同的数据类型和地址范围。

4.2.2 Modbus 指令库

Modbus 指令库包括主站指令库和从站指令库。按照安装向导安装"200库文件"软件，

S7-200 PLC的编程软件最好为默认安装路径,不然库文件软件找不到路径就无法安装成功。安装完毕后指令库如图 4-1 所示。

图 4-1 Modbus 指令库

使用 Modbus 指令库必须注意以下 4 点。

（1）使用 Modbus 指令库前，要将其安装到 STEP7-Micro/Win 中，STEP7-Micro/Win 必须为 V3.2 或以上版本。

（2）S7-200 PLC CPU 为固化程序修订版 2.00 或以上版本，最好支持 Modbus 主站协议库。

（3）由于目前已经推出了针对端口 0 和端口 1 的 Modbus RTU 主站指令库 Modbus Master Port 0 和 Modbus Master Port 1，以及针对端口 0 的 Modbus RTU 从站指令库 Modbus Slave Port 0，故可利用指令库来实现端口 0 的 Modbus RTU 主 / 从站通信。

（4）一旦 CPU 端口被用于 Modbus RTU 主 / 从站协议通信，该端口就无法用于任何其他用途，包括与 STEP7-Micro/Win 通信。

4.2.3 Modbus 指令介绍

在编程前先让我们认识一下会用到的指令，西门子 Modbus 主站协议库主要包括两条指令：MBUS_CTRL 指令和 MBUS_MSG 指令。这两条指令的特点如下。

① MBUS_CTRL 指令（或用于端口 1 的 MBUS_CTRL_P1 指令）用于初始化主站通信，MBUS_MSG 指令（或用于端口 1 的 MBUS_MSG_P1 指令）用于启动对 Modbus 从站的请求并处理应答。

② MBUS_CTRL 指令可初始化、监视或禁用 Modbus 通信。在使用 MBUS_MSG 指令之前，必须正确执行 MBUS_CTRL 指令。指令完成后立即设定完成位，才能继续执行下一条指令。

③ MBUS_CTRL 指令在每次扫描且 EN 输入打开时执行。MBUS_CTRL 指令必须在每次扫描时 (包括首次扫描) 被调用。

1.MBUS_CTRL 指令

1）MBUS_CTRL 指令参数

MBUS_CTRL 指令的参数说明如表 4-2 所示。

表 4-2 MBUS_CTRL 指令的参数说明

LAD	输入 / 输出	说明	数据类型
	EN	使能	BOOL
	Mode	1：将 CPU 端口分配给 Modbus 协议并启用该协议； 0：将 CPU 端口分配给 PPI 协议，并禁用 Modbus 协议	BOOL
MBUS_CTRL EN Mode Baud Parity　　Done Timeout　Error	Baud	将波特率设为 1200 、2400、4800、9600、19200、38400、57600 或 115200 bps	DWORD
	Parity	0：无奇偶校验； 1：奇校验； 2：偶佼验	BYTE
	Timeout	等待来自从站应答的毫秒时间数	WORD
	Done	完成位	BOOL
	Error	出错时返回错误代码	BYTE

2）MBUS_CTRL 指令参数详细介绍

EN：指令使能位。

Mode：模式参数。根据模式输入数值选择通信协议。输入值为 1，表示将 CPU 端口分配给 Modbus 协议并启用该协议。输入值为 0，表示将 CPU 端口分配给 PPI 系统协议，并禁用 Modbus 协议。

Baud：波特率参数。MBUS_CTRL 指令支持的波特率为 1200 bps、2400 bps、4800 bps、9600 bps、19200 bps、38400 bps、57600 bps 或 115200 bps。

Parity：奇偶校验参数。奇偶校验参数应与 Modbus 从站奇偶校验相匹配。所有设置使用一个起始位和一个停止位。可接收的数值为：0（无奇偶校验）、1（奇校验）、2（偶校验）。

Timeout：超时参数。超时参数设为等待来自从站应答的毫秒时间数。超时数值设置的范围为 1 ~ 32767 ms。典型值是 1000 ms（1 s）。超时参数应该设置得足够大，以便从站在所选的波特率对应的时间内做出应答。

Done：MBUS_CTRL 指令成功完成时，Done 输出为 1，否则为 0。

Error：错误输出代码。错误输出代码由反映执行该指令结果的特定数字构成。错误输出代码的含义如表 4-3 所示。

表 4-3 错误输出代码含义

代码	含义	代码	含义
0	无错误	3	超时选择无效
1	奇偶校验选择无效	4	模式选择无效
2	波特率选择无效		

2.MBUS_MSG 指令

MBUS_MSG 指令（或用于端口 1 的 MBUS_MSG_P1 指令）用于启动对 Modbus 从站的请求并处理应答，单条 MSG 指令只能完成对指定从站的读或写请求。

当 EN 输入和 First 输入都为 1 时，MBUS_MSG 指令启动对 Modbus 从站的请求。发送请求、等待应答和处理应答通常需要多次扫描。EN 输入必须打开以启用发送请求，并应该保持打开直到完成位被置位。

必须注意的是，一次只能激活一条 MBUS_MSG 指令。如果启用了多条 MBUS_MSG 指令，则将处理所启用的第一条 MBUS_MSG 指令，之后的所有 MBUS_MSG 指令将中止并产生错误代码 6。

1）MBUS_MSG 指令参数

MBUS_MSG 指令参数说明如表 4-4 所示。

表 4-4 MBUS_MSG 指令参数说明

LAD	输入 / 输出	说明	数据类型
	EN	使能	BOOL
	First	"首次"参数，应该在有新请求要发送时才打开，进行一次扫描。"首次"输入应当通过一个边沿检测元素（例如上升沿）打开，这将保证请求被传送一次	BOOL
MBUS_MSG EN First Slave Done RW Error Addr Count DataPtr	Slave	"从站"参数，是 Modbus 从站的地址，允许的范围是 0 ～ 247	BYTE
	RW	0：读；1：写	BYTE
	Addr	"地址"参数，是 Modbus 的起始地址	DWORD
	Count	"计数"参数，表示读取或写入的数据元素的数目	INT
	DataPtr	S7-200 CPU 的 V 存储器中与读取或写入请求相关数据的间接地址指针	DWORD
	Done	初始化完成位	BOOL
	Error	出错时返回错误代码	BYTE

2）MBUS_MSG 参数详细介绍

EN：指令使能位。

First：应该在有新请求要发送时才打开，进行一次扫描。"首次"输入应当通过一个边沿检测元素（例如上升沿）打开，这将保证请求被传送一次。

Slave：从站参数。从站参数是 Modbus 从站的地址，允许的范围是 0 ~ 247。地址 0 是广播地址，只能用于写请求，不存在对地址 0 的广播请求的应答。并非所有的从站都支持广播地址，S7-200 PLC Modbus 从站协议库不支持广播地址。

RW：读写参数。读写参数指定是否要读取或写入该消息。读写参数允许使用下列两个值：0 表示读，1 表示写。

Addr：地址参数。

Count：计数参数。计数参数指定在请求中读取或写入的数据元素的数目。计数数值是位数（对于位数据类型）和字数（对于字数据类型）。

根据 Modbus 协议，计数参数与 Modbus 地址存在表 4-5 所示的对应关系。

表 4-5 计数参数与 Modbus 地址对应关系

地址	计数参数
0× × × ×	计数参数是要读取或写入的位数
1× × × ×	计数参数是要读取的位数
3× × × ×	计数参数是要读取的输入寄存器的字数
4× × × ×	计数参数是要读取或写入的保持寄存器的字数

MBUS_MSG 指令最大读取或写入 120 个字或 1920 个位（240 字节的数据）。计数的实际限值还取决于 Modbus 从站中的限制。

DataPtr：DataPtr 参数是指向 S7-200 CPU 的库存储器中与读取或写入请求相关的数据的间接地址指针（如：&VB100）。对于读取请求，DataPtr 应指向用于存储从 Modbus 从站读取的数据的第一个 CPU 存储器位置。对于写入请求，DataPtr 应指向要发送到 Modbus 从站的数据的第一个 CPU 存储器位置。

Done：完成输出。完成输出在发送请求和接收应答时关闭。完成输出在应答完成或 MBUS_MSG 指令因错误而中止时打开。

Error：错误输出仅当完成输出打开时有效。低位编号的错误代码（1 ~ 8）表示 MBUS_MSG 指令检测到的错误。这些错误代码通常指示与 MBUS_MSG 指令的输入参数有关的问题，或接收来自从站的应答时出现的问题。奇偶校验和 CRC 错误指示存在应答但是数据未正确接收，这通常是由电气故障（例如连接有问题或者电噪声）引起的。高位编号的错误代码（从 101 开始）表示由 Modbus 从站返回的错误。这些错误指示从站不支持所请求的功能，或者所请求的地址（或数据类型或地址范围）不被 Modbus 从站支持。

4.2.4 分配库存储区

利用指令库编程前，首先应为其分配存储区，否则软件编译时会报错，具体方法如下。执行 STEP7-Micro/Win 命令，选择"程序块"→"库存储区"，如图 4-2 所示，打开"库存储区分配"对话框。

图 4-2 库存储区分配（1）

在"库存储区分配"对话框中输入库存储区的起始地址，注意避免该地址和程序中已经采用或准备采用的其他地址重合。点击"建议地址"按钮，系统将自动计算存储区的截止地址，然后点击"确定"按钮，如图 4-3 所示。

图 4-3 库存储区分配（2）

4.3 西门子 S7-200 PLC 与台达变频器的 Modbus 通信案例

使用 Modbus 协议通信，外部接线方式简单，容易实现一对多控制。下面就以西门子 S7-200 PLC 与台达变频器通信为例讲解 Modbus 通信。

4.3.1 西门子 S7-200 PLC 与 1 台台达变频器的 Modbus 通信案例

1. 案例要求

西门子 S7-200 PLC 通过 Modbus 通信控制台达变频器。I0.0 启动变频器正转，I0.1 启动变频器反转，I0.2 停止变频器。

2.PLC 程序 I/O 分配

PLC 程序 I/O 分配如表 4-6 所示。

表 4-6 I/O 分配表

输入	功能
I0.0	变频器正转
I0.1	变频器反转
I0.2	变频器停止

3. 变频器参数设置

（1）恢复变频器工厂默认值。设置 00.02 为 09（所有参数的设定值重置为 50 Hz 出厂值），按下"ENTER"键，开始复位。

（2）设置电机参数。电机基本参数设置如表 4-7 所示。

表 4-7 台达变频器的电机基本参数设置

参数号	出厂值	设置值	说明
01.01	50	50	电机额定频率（Hz）
01.02	230	220	电机额定电压（V）
01.00	50	50	电机运行的最高频率（Hz）
01.05	1.5	0.1	电机运行的最低频率（Hz）

（3）设置变频器的通信参数设置，如表 4-8 所示。

表 4-8 台达变频器的 Modbus 通信参数设置

参数码	参数功能	设定范围	设定值
02.00	第一频率指令来源设定	0：由数字操作器输入 1：由外部端子 AVI 输入仿真信号 DC 0~+10 V 控制 2：由外部端子 ACI 输入仿真信号 DC 4~20 mA 控制 3：由 RS485 输入 4：由数字操作器上的按钮控制	3
02.01	运转指令来源设定	0：由数字操作器输入 1：由外部端子操作，键盘 STOP 键有效 2：由外部端子操作，键盘 STOP 键无效 3：由 RS485 通信界面操作，键盘 STOP 键有效 4：由 RS485 通信界面操作，键盘 STOP 键无效	3
09.00	通信地址	1~254	1
09.01	通信传送速度	0：Baud rate 4800 bps 1：Baud rate 9600 bps 2：Baud rate 19200 bps 3：Baud rate 38400 bps	1
09.04	通信数据格式	0：7,N,2 for ASCII 1：7,E,1 for ASCII 2：7,O,1 for ASCII 3：8,N,2 for RTU 4：8,E,1 for RTU 5：8,O,1 for RTU N：无校验 E：偶校验 O：奇校验	4

4. 西门子 S7-200 PLC 与台达变频器的 Modbus 通信接线

1）台达变频器通信端口

台达变频器的通信端口如图 4-4 所示。

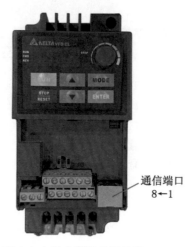

图 4-4 台达变频器的通信端口

台达面板上的通信端口的名称与功能如表 4-9 所示。

表 4-9 台达变频器的通信端口的名称与功能

端子号	名称	功能
4-	SG-	RS485 信号 -
5+	SG+	RS485 信号 +

2）西门子 S7-200 通信端口

西门子 S7-200 通信端口的名称与功能如表 4-10 所示。

表 4-10 西门子 S7-200 通信端口的名称与功能

端子号	名称	功能
3	+	RS485 信号 +
8	-	RS485 信号 -

西门子 S7-200 PLC 与台达变频器的 Modbus 通信端口接线如图 4-5 所示。

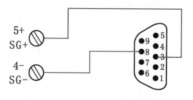

图 4-5 西门子 S7-200 PLC 与台达变频器的 Modbus 通信端口接线

3）西门子 S7-200 PLC 与台达变频器 Modbus 通信接线

西门子 S7-200 PLC 与台达变频器 Modbus 通信接线如图 4-6 所示。

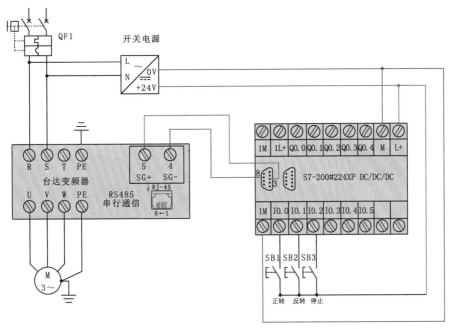

图 4-6 西门子 S7-200 PLC 与台达变频器 Modbus 通信接线

4）西门子 S7-200 PLC 与台达变频器 Modbus 通信实物接线

西门子 S7-200 PLC 与台达变频器 Modbus 通信电路实物接线如图 4-7 所示。

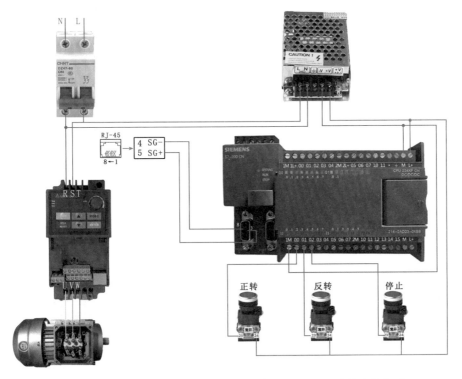

图 4-7 西门子 S7-200 PLC 与台达变频器 Modbus 通信实物接线

5. 台达变频器通信地址

台达变频器通信地址如表 4-11 所示。

表 4-11 台达 VFD-EL 变频器 Modbus RTU 通信地址（部分）

定义	参数地址	功能说明		
驱动器内部设定参数	00nnH	nn 表示参数号码		
对驱动器的命令	2000H	Bit0 ~ 1		00B：无功能
				01B：停止
				10B：启动
				11B：JOG 启动
		Bit2 ~ 3		保留
		Bit4 ~ 5		00B：无功能
				01B：正方向指令
				10B：反方向指令
				11B：改变方向指令
		Bit6 ~ 15		保留
	2001H	频率命令		
	2002H	Bit0		1：E.F.ON
		Bit1		1：Reset 指令
		Bit2 ~ 15		保留
	2102H	频率指令（F）（小数 2 位）		
	2103H	输出频率（H）（小数 2 位）		
	2104H	输出电流（A）（小数 1 位）		
	2105H	DC-BUS 电压（U）（小数 1 位）		
	2106H	输出电压（E）（小数 1 位）		
	2107H	多段速指令目前执行的段速（步）		
	2108H	程序执行时该段速剩余时间（s）		
	2109H	外部 TRIGER 的内容值（count）		
	210AH	与功率因数角度对应的值（小数 1 位）		
	210BH	P65xH 的低位（小数 2 位）		
	210CH	P65xH 的高位		
	210DH	变频器温度（小数 1 位）		
	210EH	PID 回授信号（小数 2 位）		
	210FH	PID 目标值（小数 2 位）		
	2110H	变频器机种识别		

例如，变频器的通信参数地址为 2000H。我们知道 Modbus 的通信功能码是 0（离散量输出）、1（离散量输入）、3（输入寄存器）、4（保持寄存器）。而这里的 2000H 指的就是 4（保持寄存器），同时这个 2000H 是十六进制数 2000，在软件中输入的是十进制数，故需要将十六进制数 2000 转换为十进制数，得到 8192。另外，Modbus 的通信地址都是从 1 开始的，故还需要将 8192 加上 1 为 8193，最终得到的变频器地址为"48193"。

在控制命令 2000H 的地址中，每个位置的含义已经定义好了，Bit2 ~ 3 和 Bit6 ~ 15 保留，即为 0。Bit0 ~ 1 和 Bit4 ~ 5 表示启动及运行方向，若电机以反向点动运行，则 Bit0 ~ 1 设置为 11，Bit4 ~ 5 设置为 10，最终得到 2#100011。将 2#100011 通过通信传输到变频器的 2000H 中，变频器将会按照设定的方式工作。

表 4-11 中的"2102H 频率指令（F）（小数 2 位）"中，"小数 2 位"的含义是指频率范围是 00.00 ~ 50.00 Hz。频率是一个实数，但是一个实数占用 32 位，Modbus 通信的保持寄存器每次通信的单位是字，并不能直接传输小数。因此在通信过程中，我们读到的频率信息是放在两个字里边的，第一个字中存储的是一个 4 位十进制数，例如 0563，但是我们都知道，频率并没有 0563 Hz。我们还要读取第二个字中的值，第二个字中的值表示小数点的位数，例如 2，表示小数的位数为 2 位。因此，当前的运行频率为 05.63 Hz，这才是我们真正读到的频率值。

6. 西门子 S7-200 PLC 与台达变频器 Modbus 通信的 PLC 程序

西门子 S7-200 PLC 与台达变频器 Modbus 通信的 PLC 程序如图 4-8 所示。

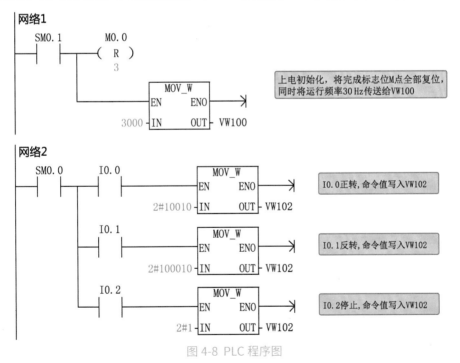

图 4-8 PLC 程序图

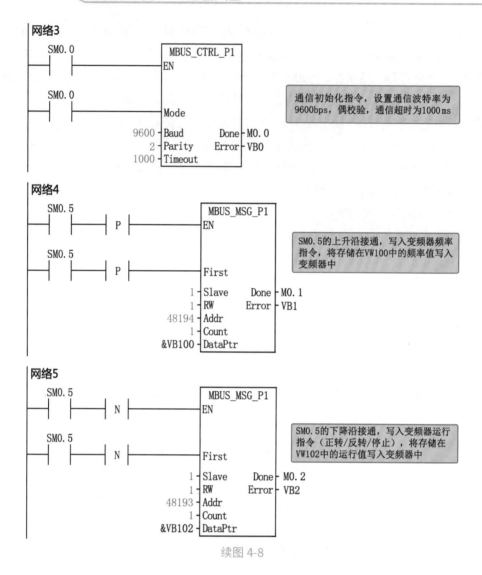

网络3

SM0.0 ──┤ ├──   MBUS_CTRL_P1
                          EN

SM0.0 ──┤ ├──   Mode
                                          通信初始化指令，设置通信波特率为
                                          9600bps，偶校验，通信超时为1000ms
              9600 ─ Baud   Done ─ M0.0
                 2 ─ Parity   Error ─ VB0
              1000 ─ Timeout

网络4

SM0.5 ──┤ ├──┤P├──   MBUS_MSG_P1
                          EN

SM0.5 ──┤ ├──┤P├──
                          First   SM0.5的上升沿接通，写入变频器频率
                                          指令，将存储在VW100中的频率值写入
                                          变频器中
                 1 ─ Slave   Done ─ M0.1
                 1 ─ RW   Error ─ VB1
             48194 ─ Addr
                 1 ─ Count
            &VB100 ─ DataPtr

网络5

SM0.5 ──┤ ├──┤N├──   MBUS_MSG_P1
                          EN

SM0.5 ──┤ ├──┤N├──
                          First   SM0.5的下降沿接通，写入变频器运行
                                          指令（正转/反转/停止），将存储在
                                          VW102中的运行值写入变频器中
                 1 ─ Slave   Done ─ M0.2
                 1 ─ RW   Error ─ VB2
             48193 ─ Addr
                 1 ─ Count
            &VB102 ─ DataPtr

续图 4-8

4.3.2 西门子 S7-200 PLC 与 4 台台达变频器的 Modbus 通信案例

1. 案例要求

西门子 S7-200 PLC 通过 Modbus 通信控制 4 台台达变频器。I0.0 启动 1 号从站变频器正转，I0.1 启动 1 号从站变频器反转，I0.2 停止 1 号从站变频器。I0.3 启动 2 号从站变频器正转，I0.4 启动 2 号从站变频器反转，I0.5 停止 2 号从站变频器。I0.6 启动 3 号从站变频器正转，I0.7 启动 3 号从站变频器反转，I1.0 停止 3 号从站变频器。I1.1 启动 4 号从站变频器正转，I1.2 启动 4 号从站变频器反转，I1.3 停止 4 号从站变频器。西门子 S7-200 PLC 通过 Modbus 通信读取台达变频器当前电流和当前频率。

2.PLC 程序 I/O 分配

I/O 分配如表 4–12 所示。

表 4-12 I/O 分配表

输入	功能
I0.0	1 号从站变频器正转
I0.1	1 号从站变频器反转
I0.2	1 号从站变频器停止
I0.3	2 号从站变频器正转
I0.4	2 号从站变频器反转
I0.5	2 号从站变频器停止
I0.6	3 号从站变频器正转
I0.7	3 号从站变频器反转
I1.0	3 号从站变频器停止
I1.1	4 号从站变频器正转
I1.2	4 号从站变频器反转
I1.3	4 号从站变频器停止

3. 从站变频器参数设置

（1）恢复变频器工厂默认值。设置 00.02 为 09（所有参数的设定值重置为 50 Hz 出厂值），按下"ENTER"键，开始复位。

（2）设置电机参数。电机参数设置如表 4–13 所示。

表 4-13 台达变频器的电机参数设置

参数号	出厂值	设置值	说明
01.01	50	50	电机额定频率（Hz）
01.02	230	220	电机额定电压（V）
01.00	50	50	电机运行的最高频率（Hz）
01.05	1.5	0.1	电机运行的最低频率（Hz）

（3）设置变频器的通信参数。1 号变频器的参数设置如表 4–14 所示，2 号、3 号、4 号变频器通信参数设置值中的通信地址分别为 2、3、4，其他参数与 1 号变频器相同。

表 4-14 变频器通信参数设置

参数码	参数功能	设定范围	设定值
02.00	第一频率指令来源设定	0：由数字操作器输入 1：由外部端子 AVI 输入仿真信号 DC 0~+10 V 控制 2：由外部端子 ACI 输入仿真信号 DC 4~20 mA 控制 3：由 RS485 输入 4：由数字操作器上所附 V.R 控制	3
02.01	运转指令来源设定	0：由数字操作器输入 1：由外部端子操作，键盘 STOP 键有效 2：由外部端子操作，键盘 STOP 键无效 3：由 RS485 通信界面操作，键盘 STOP 键有效 4：由 RS485 通信界面操作，键盘 STOP 键无效	3
09.00	通信地址	1~254	1
09.01	通信传送速度	0：Baud rate 4800 bps 1：Baud rate 9600 bps 2：Baud rate 19200 bps 3：Baud rate 38400 bps	1
09.04	通信数据格式	0：7,N,2 for ASCII 1：7,E,1 for ASCII 2：7,O,1 for ASCII 3：8,N,2 for RTU 4：8,E,1 for RTU 5：8,O,1 for RTU N：无校验 E：偶校验 O：奇校验	4

4. 西门子 S7-200 PLC 与 4 台台达变频器 Modbus 通信接线

1）西门子 S7-200 PLC 与 4 台台达变频器 Modbus 通信原理接线图

西门子 S7-200 PLC 与 4 台台达变频器 Modbus 通信原理接线图如图 4-9 所示。

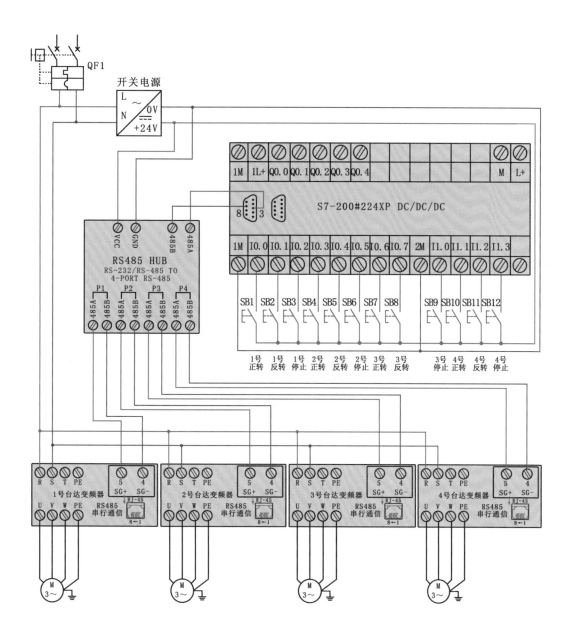

图 4-9 西门子 S7-200 PLC 与 4 台台达变频器 Modbus 通信原理接线图

2）西门子 S7-200 PLC 与 4 台台达变频器 Modbus 通信实物接线

西门子 S7-200 PLC 与 4 台台达变频器 Modbus 通信实物接线如图 4-10 所示。

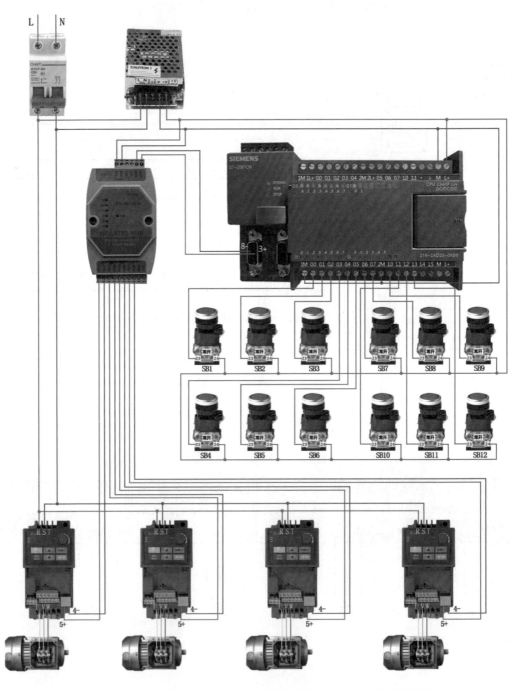

图 4-10 西门子 S7-200 PLC 与 4 台台达变频器 Modbus 通信实物接线

5. 西门子 PLC 与 4 台台达变频器 Modbus 通信的 PLC 程序

PLC 程序如图 4-11 所示。

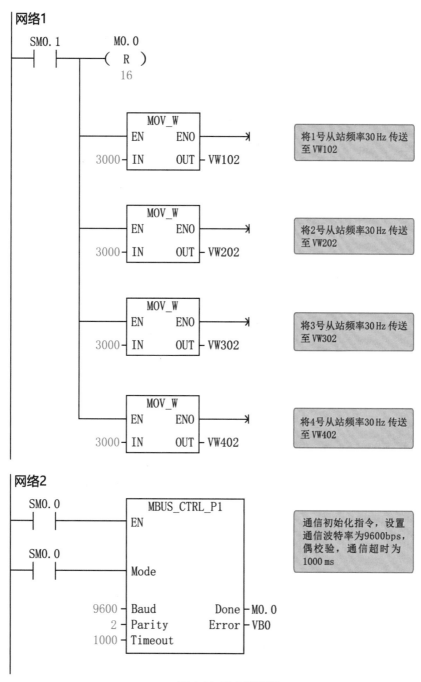

图 4-11 PLC 程序图

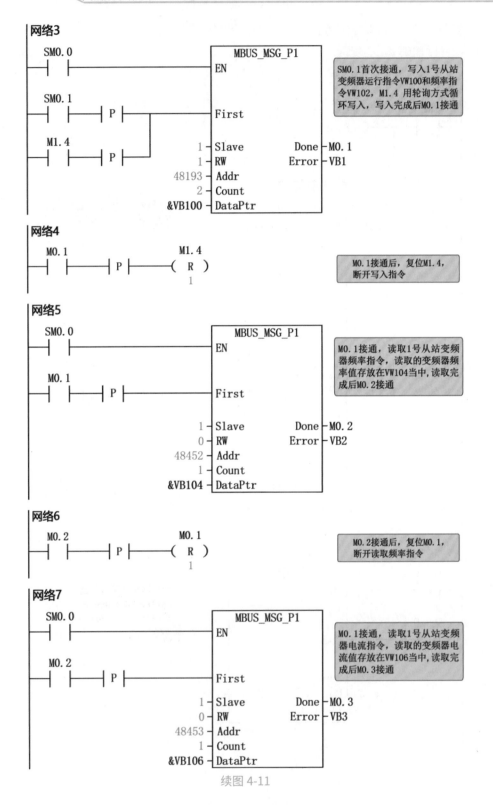

网络3

SM0.0 ─┤ ├─ ... EN

SM0.1 ─┤ ├─┤P├─┐
M1.4 ─┤ ├─┤P├─┴─ First

MBUS_MSG_P1

1 ─ Slave   Done ─ M0.1
1 ─ RW   Error ─ VB1
48193 ─ Addr
2 ─ Count
&VB100 ─ DataPtr

> SM0.1首次接通,写入1号从站变频器运行指令VW100和频率指令VW102,M1.4用轮询方式循环写入,写入完成后M0.1接通

网络4

M0.1 ─┤ ├─┤P├─(R) M1.4
                 1

> M0.1接通后,复位M1.4,断开写入指令

网络5

SM0.0 ─┤ ├─ EN
M0.1 ─┤ ├─┤P├─ First

MBUS_MSG_P1

1 ─ Slave   Done ─ M0.2
0 ─ RW   Error ─ VB2
48452 ─ Addr
1 ─ Count
&VB104 ─ DataPtr

> M0.1接通,读取1号从站变频器频率指令,读取的变频器频率值存放在VW104当中,读取完成后M0.2接通

网络6

M0.2 ─┤ ├─┤P├─(R) M0.1
                 1

> M0.2接通后,复位M0.1,断开读取频率指令

网络7

SM0.0 ─┤ ├─ EN
M0.2 ─┤ ├─┤P├─ First

MBUS_MSG_P1

1 ─ Slave   Done ─ M0.3
0 ─ RW   Error ─ VB3
48453 ─ Addr
1 ─ Count
&VB106 ─ DataPtr

> M0.1接通,读取1号从站变频器电流指令,读取的变频器电流值存放在VW106当中,读取完成后M0.3接通

续图 4-11

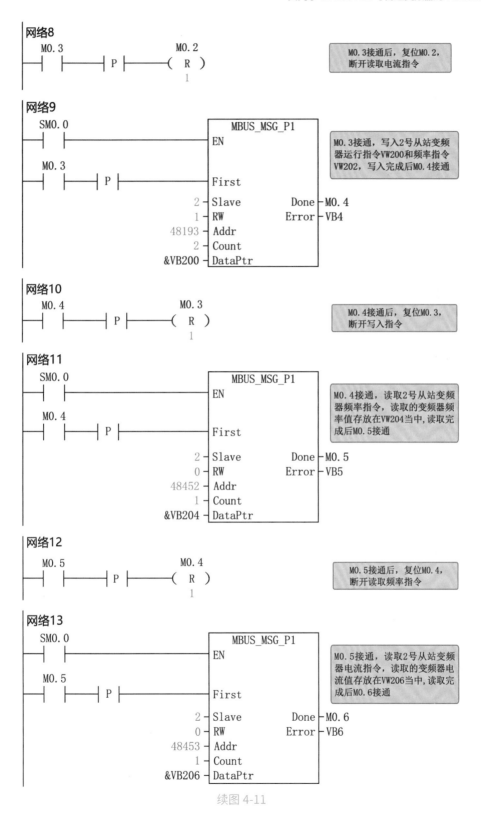

网络8

| M0.3 —| |— | P |—   (R) M0.2 / 1

M0.3接通后，复位M0.2，断开读取电流指令

网络9

SM0.0 —| |— EN MBUS_MSG_P1
M0.3 —| |—| P |— First
2 — Slave   Done — M0.4
1 — RW   Error — VB4
48193 — Addr
2 — Count
&VB200 — DataPtr

M0.3接通，写入2号从站变频器运行指令VW200和频率指令VW202，写入完成后M0.4接通

网络10

M0.4 —| |—| P |—   (R) M0.3 / 1

M0.4接通后，复位M0.3，断开写入指令

网络11

SM0.0 —| |— EN MBUS_MSG_P1
M0.4 —| |—| P |— First
2 — Slave   Done — M0.5
0 — RW   Error — VB5
48452 — Addr
1 — Count
&VB204 — DataPtr

M0.4接通，读取2号从站变频器频率指令，读取的变频器频率值存放在VW204当中，读取完成后M0.5接通

网络12

M0.5 —| |—| P |—   (R) M0.4 / 1

M0.5接通后，复位M0.4，断开读取频率指令

网络13

SM0.0 —| |— EN MBUS_MSG_P1
M0.5 —| |—| P |— First
2 — Slave   Done — M0.6
0 — RW   Error — VB6
48453 — Addr
1 — Count
&VB206 — DataPtr

M0.5接通，读取2号从站变频器电流指令，读取的变频器电流值存放在VW206当中，读取完成后M0.6接通

续图 4-11

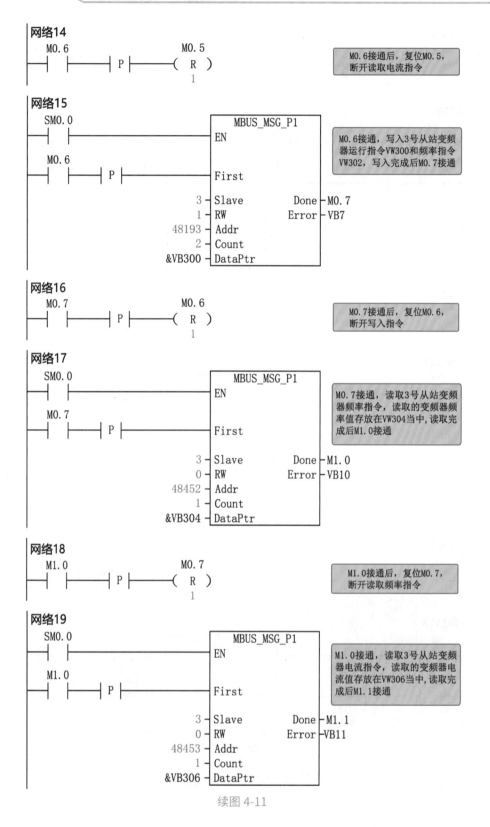

网络14

M0.6接通后，复位M0.5，断开读取电流指令

网络15

M0.6接通，写入3号从站变频器运行指令VW300和频率指令VW302，写入完成后M0.7接通

网络16

M0.7接通后，复位M0.6，断开写入指令

网络17

M0.7接通，读取3号从站变频器频率指令，读取的变频器频率值存放在VW304当中，读取完成后M1.0接通

网络18

M1.0接通后，复位M0.7，断开读取频率指令

网络19

M1.0接通，读取3号从站变频器电流指令，读取的变频器电流值存放在VW306当中，读取完成后M1.1接通

续图 4-11

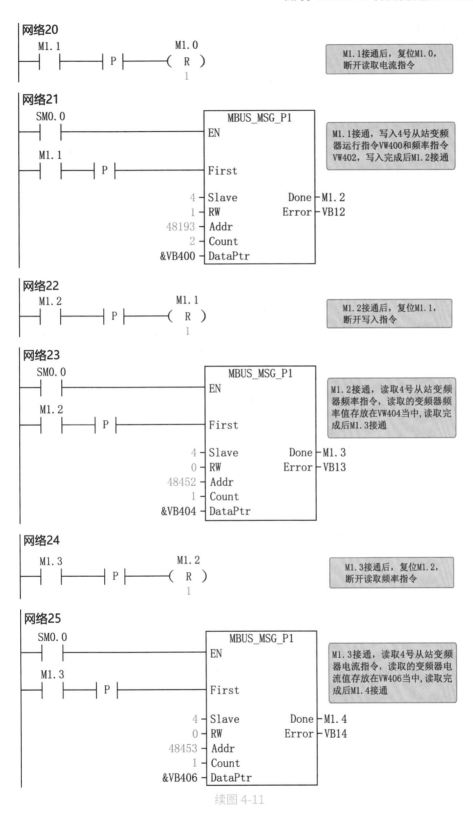

续图 4-11

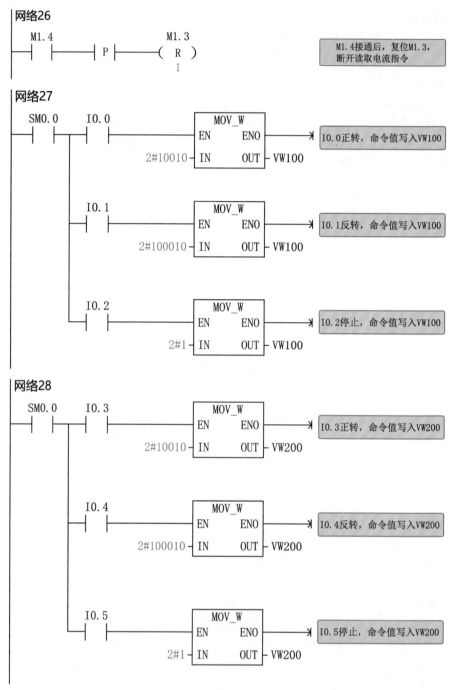

续图 4-11

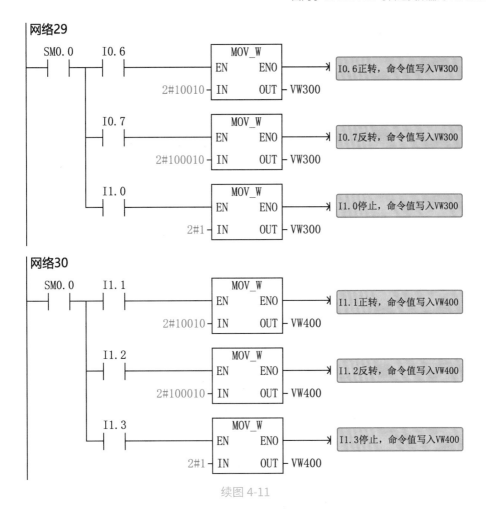

续图 4-11

第5章

西门子 S7–200 PLC 与智能温度控制仪的 Modbus 通信

5.1 实物介绍

西门子 S7–200 PLC 与智能温度控制仪的 Modbus 通信需要的设备如下。

1. 西门子 S7-200 PLC

西门子 S7–200 PLC 的 CPU 型号为 224 XP，其外形如图 5–1 所示。

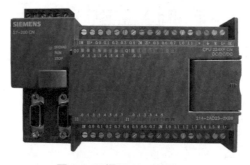

图 5-1 西门子 S7-200 PLC

2. 温度传感器

温度传感器的测量范围为 0~100℃，其外形如图 5–2 所示。

图 5-2 温度传感器

3. 智能温度控制仪

（1）智能温度控制仪如图 5-3 所示。可编程模块化输入，可支持热电偶、热电阻、电压、电流及二线制变送器输入；适用于温度、压力、流量、液位、湿度等多种物理量的测量与显示；测量精度高达 0.3 级。

（2）采样周期：0.4 s。

（3）电源电压 100 ~ 240 V AC/50 ~ 60 Hz 或 24 V DC/AC（±10%）。

（4）工作环境：环境温度 –10 ~ 60℃，环境湿度 < 90%RH，电磁兼容 IEC 61000-4-4（电快速瞬变脉冲群），±4 kV/5 kHz；IEC61000-4-5（浪涌），4 kV，隔离耐压 ≥ 2300 V DC。

图 5-3 智能温度控制仪

4.RS485 通信线

RS485 的端口为 9 针通信端口，3 为正端，8 为负端，如图 5-4 所示。

图 5-4 RS485 通信线

5.2　实物接线

西门子 S7–200 PLC 与智能温度控制仪 Modbus 通信实物接线如图 5-5 所示。

图 5-5 西门子 S7-200 PLC 与智能温度控制仪 Modbus 通信实物接线

5.3 智能温度控制仪面板介绍

智能温度控制仪面板如图 5-6 所示。

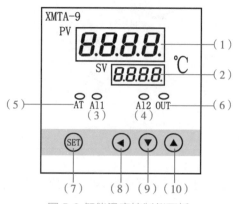

图 5-6 智能温度控制仪面板

（1）PV 显示窗。正常情况下显示温度测量值，在参数修改状态下显示参数符号。

（2）SV 显示窗。正常情况下显示温度给定值，在参数修改状态下显示参数值。

（3）Al1 指示灯。当此指示灯亮时，仪表对应 Al1 继电器有输出。

（4）Al2 指示灯。当此指示灯亮时，仪表对应 Al2 继电器有输出。

（5）AT 指示灯。当仪表自整定时，此指示灯亮。

（6）OUT 指示灯。当此指示灯亮时，仪表 OUT 控制端有输出。

（7）功能键（SET）。按键 3 s 可进入参数修改状态。短按"SET"键进入设定值修改状态。

（8）移位键。在修改参数状态下，按此键可实现修改数字的位置移动；按 3 s 可进入或退出手动调节。

（9）数字减小键。在参数修改、给定值修改或手动调节状态下可实现数字的减小。

（10）数字增大键。在参数修改、给定值修改或手动调节状态下可实现数字的增大。

5.4 智能温度控制仪参数代码及含义

智能温度控制仪参数代码及含义如表 5-1 所示。

表 5-1 智能温度控制仪参数代码及含义

参数代号	符号	名称	取值范围	说明	出厂值
00H	SP	SV 值		温度设定值	—
01H	HIAL	上限报警	全量程	当 PV 值大于 HIAL 时仪表将产生上限报警，当仪表 PV 值低于 HIAL−AHYS 时，仪表解除上限报警	100.0
02H	LOAL	下限报警		当 PV 值小于 LOAL 时仪表将产生下限报警，当仪表 PV 值高于 HIAL+ALYS 时，仪表解除下限报警	50.0
03H	AHYS	上限报警回差	0.1~50.0	又称报警死区，用于避免报警临界位置报警器频繁工作	1.0
04H	ALYS	下限报警回差			1.0
05H	KP	比例带	0~2000	其决定了系统比例增益的大小，P 越大，比例的作用越小，过冲越小，但太小会增加升温时间。P=0 时，转为二位式控制	150
06H	KI	积分时间	0~2000	设定积分时间，以解除比例控制所发生的残余偏差，太大会延缓系统达到平衡的时间，太小会产生波动	240
07H	KD	微分时间	0~200	设定微分时间，以防止输出的波动，提高控制的稳定性	30
08H	AT	自整定	0 或 1	0：关闭自整定；1：开启自整定	OFF

参数代号	符号	名称	取值范围	说明	出厂值
09H	CT1	控制周期	0 ~ 120 s	采用固态继电器时设置成 2，采用中间继电器时建议设置成 10	10
0AH	CHYS	主控回差	0.1 ~ 50.0	又称主控输出死区，用于避免主控临界位置频繁工作	1.0
0BH	SCb	误差修正	± 20.0	当测量传感器引起误差时，可以用此值修正	0.0
0CH	FILT	滤波系数	0~50	滤波系数越大，抗干扰越好，但是反应速度越慢	—
0EH	P_SH	上限量程	–1999~9999	测量值的上限量程	1300.0
0FH	P_SL	下限量程	–1999~999	测量值的下限量程	0
10H	OUTL	输出下限	0~200	模拟量控制输出可调此参数输出下限	0
11H	OUTH	输出上限	0~200	模拟量控制输出可调此参数输出上限	200
12H	ALP1	报警1方式	0~4	0：无报警；1：上限报警；2：下限报警；3：上偏差报警；4：下偏差报警	1
13H	ALP2	报警2方式	0~4	0：无报警；1：上限报警；2：下限报警；3：上偏差报警；4：下偏差报警	2
14H	ACT	正反转选择	—	Re：反作用，比如加热。ReBa：反作用，并且避免上电报警 Dr：正作用，比如制冷。DrBa：正作用，并且避免上电报警	Re
15H	OPPO	热启动	0~100	防止快速加热	100
16H	LOCK	密码锁	0~255	密码锁参数为215时可以显示所有参数	0
17H	INP	输入方式	—	Cu50 (Cu50) - 50.0 ~ 150.0℃；Pt100 (Pt1) - 199.9 ~ 200.0℃；Pt100 (Pt2) - 199.9 ~ 600.0℃；K (K) -30.0 ~ 1300℃；E (E) -30.0 ~ 700.0℃；J (J) -30.0 ~ 900.0℃；T (t) -199.9 ~ 400.0℃；S (S) -30 ~ 1600℃；0 ~ 5V/0 ~ 10mA (0_5u)；1 ~ 5V/4 ~ 20mA (1_5u)	K
19H	Addr	通信地址	0 ~ 127	用于定义通信地址，在同一条线上分别设置不同的地址来区分	1
1AH	BAud	波特率	—	1200、2400、4800、9600 四种可选	9600

5.5　参数及状态设置

（1）上电后，按住"SET"键约 1 s 后松开，进入温度值设定值界面，可以修改 SP 温度设定值，修改完成后按"SET"键保存并且退出设定值界面，按住"SET"键 3 s 后，仪表进入参数设置区，上排显示参数符号（字母对照见图 5-7），下排显示其参数值，此时分别按◄、▼、▲三键可调整参数值，长按▼或▲可快速加或减，调好后按"SET"键确认保存数据，转到下一参数继续调整，直到调完为止。如设置中途间隔 10 s 未操作，仪表将自动保存数据，并退出设置状态。

仪表第 16H 参数 LOCK 为密码锁，为 0 时允许修改所有参数，大于 0 时禁止修改所有参数。禁止将此参数设置为大于 50，否则将有可能进入厂家测试状态。

（2）手动调节：上电后，按◄键约 3 s 进入手动调整状态，下排第一字显示"H"，此时可设置输出功率的百分比；再按◄键约 3 s 退出手动调整状态。

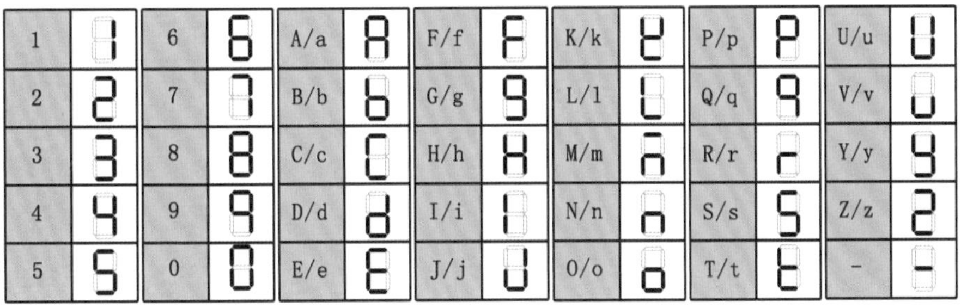

图 5-7 仪表参数提示符字母与英文字母对照表

5.6　通信说明

1. 串口说明
与仪表通信及上位机通信的串口格式都默认为波特率 9600 bps、无校验、数据位 8 位、停止位 1 位。

2.Modbus-RTU（地址寄存器）说明
Modbus-RTU（地址寄存器）说明如表 5-2 所示。

表 5-2 Modbus-RTU（地址寄存器）说明

Modbus-RTU(地址寄存器)	符号	名称
0001	SP	设定值
0002	HIAL	上限报警
0003	LOAL	下限报警
0004	AHYS	上限报警回差

Modbus-RTU（地址寄存器）	符号	名称
0005	ALYS	下限报警回差
0006	KP	比例带
0007	KI	积分时间
0008	KD	微分时间
0009	AT	自整定
0010	CT1	控制周期
0011	CHYS	主控回差
0012	SCb	误差修正
0014	DPt	小数点选择位
0015	P_SH	上限量程
0016	P_SL	下限量程
0021	ACT	正反转选择
0023	LOCK	密码锁
0024	INP	输入方式
4098	PV	实际测量值

3.PLC 读取温度

PLC 通过 Modbus 通信读取仪表的温度数值，仪表的实际测量值放到 Modbus 地址 4098 中存储。PLC 中 40001 ～ 49999 对应保持寄存器，4 代表 V 区，后面的数字代表 Modbus 地址，即 PLC 中的 Modbus 地址为 44098。

4. 程序介绍

PLC 程序如图 5-8 所示。

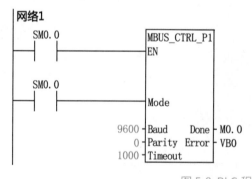

图 5-8 PLC 程序图

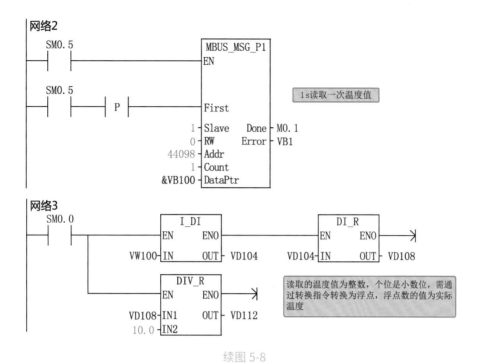

续图 5-8

第 6 章

昆仑通态 TPC7012EL
与西门子 S7-200 PLC 的通信

6.1 昆仑通态 TPC7012EL 硬件介绍

6.1.1 接口说明

昆仑通态 TPC7012EL 有两个 USB 端口,以及一个 DB9 的串口,如图 6-1 所示,其接口说明表 6-1 所示。

图 6-1 TPC7012EL 接口

表 6-1 TPC7012EL 接口说明

接口类型	说明
LAN（RJ45）	无
串口（DB9）	1XRS232，1XRS485
USB1	主口，USB2.0 兼容
USB2	从口，用于下载工程
电源接口	24V DC（±20%）

6.1.2 ▸ 串口引脚定义

昆仑通态 TPC7012EL 串口引脚定义如图 6-2 所示。

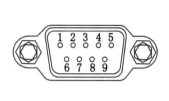

串口	PIN	引脚定义
COM1	2	RS232 RXD
	3	RS232 TXD
	5	GND
COM2	7	RS485+
	8	RS485-

图 6-2 TPC7012EL 串口引脚定义

6.2 ▸ 昆仑通态 TPC7012EL 与西门子 S7-200 PLC 通信连接

本节主要介绍昆仑通态 TPC7012EL 与西门子 S7-200 PLC 通信连接，昆仑通态使用的组态软件为 McgsPro。

6.2.1 ▸ 接线说明

昆仑通态 TPC7012EL 与西门子 S7-200 PLC 通信接线如图 6-3 所示。

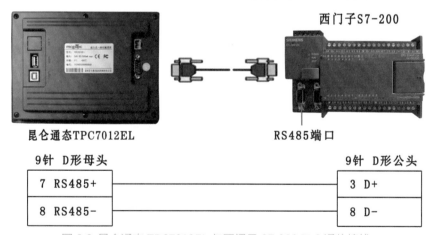

图 6-3 昆仑通态 TPC7012EL 与西门子 S7-200 PLC 通信接线

6.2.2 ▸ 案例效果

本案例以添加"启动""停止"等按钮，讲解昆仑通态 TPC7012EL 与西门子 S7-200 PLC 组态，添加完成后的效果如图 6-4 所示。

1号电机
运行指示
启动
停止

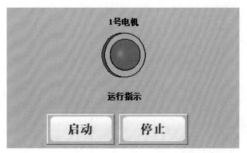

图 6-4 案例效果

6.2.3 设备组态

1. 新建工程

选择对应产品型号，如图 6–5 所示。

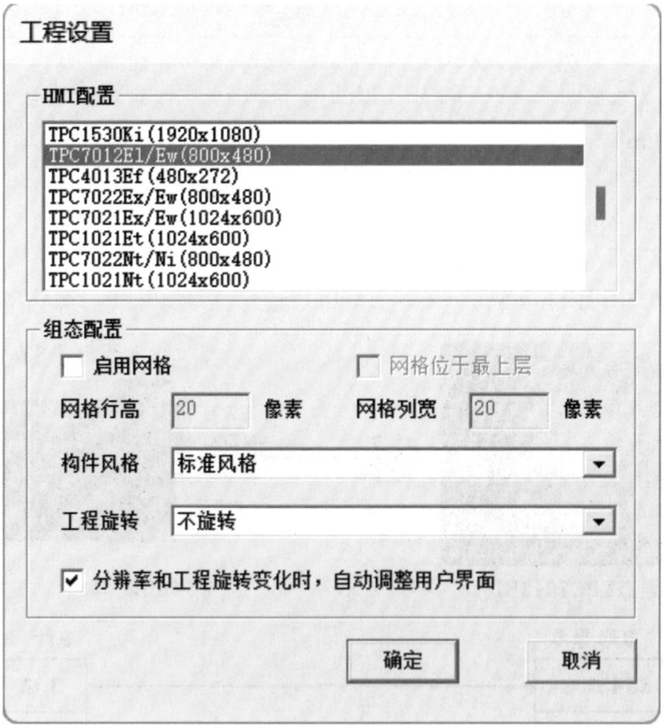
工程设置
HMI配置
TPC1530Ki(1920x1080)
TPC7012El/Ew(800x480)
TPC4013Ef(480x272)
TPC7022Ex/Ew(800x480)
TPC7021Ex/Ew(1024x600)
TPC1021Et(1024x600)
TPC7022Nt/Ni(800x480)
TPC1021Nt(1024x600)
组态配置
启用网格
网格位于最上层
网格行高
20
像素
网格列宽
20
像素
构件风格
标准风格
工程旋转
不旋转
分辨率和工程旋转变化时，自动调整用户界面
确定
取消

图 6-5 工程设置

在工作台中激活设备窗口，双击图标，进入设备组态画面，点击工具栏中的图标，打开“设备工具箱”，如图 6–6 所示。

图 6-6 设备窗口（1）

2. 建立通信

在"设备工具箱"中，按顺序先后双击"通用串口父设备"和"西门子_S7200PPI"，将其添加至设备组态画面。

1）将"通用串口父设备"添加至设备窗口

在工具栏中选择 ✗ ，弹出"设备工具箱"，双击"通用串口父设备"，即可将"通用串口父设备"添加至设备窗口，具体步骤如图 6-7 所示。

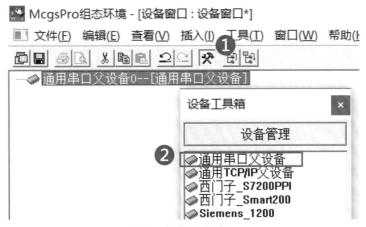

图 6-7 设备窗口（2）

2）将"西门子_S7200PPI"添加至设备窗口

在"设备工具箱"中，双击"西门子_S7200PPI"，如图 6-8 所示。

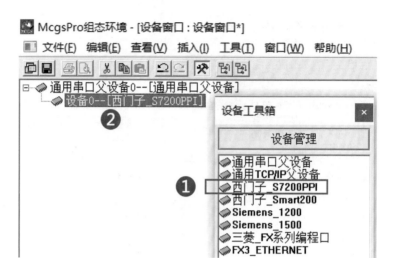

图 6-8 设备窗口（3）

此时会弹出提示窗口，提示是否使用"西门子_S7200PPI"驱动的默认通信参数设置串口父设备参数，如图 6-9 所示，选择"是"按钮。完成后，返回工作台。

图 6-9 提示窗口

6.2.4 窗口组态

在工作台中点击"用户窗口"，再单击"新建窗口"按钮，建立新画面"窗口 1"，如图 6-10 所示。

图 6-10 用户窗口

接下来右键点击"窗口 1"，在弹出的快捷菜单中选择"属性"选项，弹出"用户窗口属性设置"对话框，在"基本属性"页中，将窗口名称修改为"西门子 200 PLC 控制画面"，点击"确认"按钮进行保存，如图 6-11 所示。

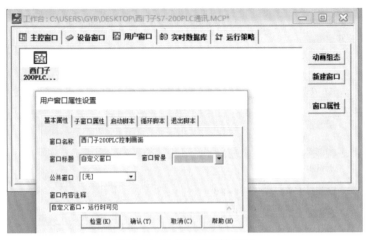

图 6-11 用户窗口属性设置

双击"西门子 200 PLC 控制画面"图标，进入窗口编辑界面，点击 ⚒ 图标，打开工具箱，如图 6-12 所示。

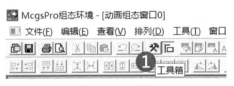

图 6-12 工具箱

1. 添加按钮

第一步，添加按钮构件。单击工具箱中"标准按钮"构件，在窗口编辑位置按住鼠标左键拖放出一定大小后，松开鼠标左键，这样，一个按钮构件就绘制在窗口中，操作步骤如图 6-13 所示。

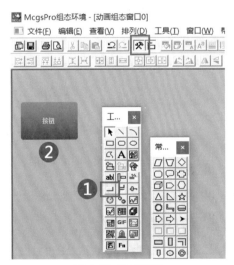

图 6-13 添加按钮

第二步，修改按钮文本。双击第一步添加的按钮，打开"标准按钮构件属性设置"

对话框，在"基本属性"页中的"文本"框中输入"启动"，点击"确认"按钮保存，操作步骤如图 6-14 所示。

图 6-14 修改按钮文本

第三步，修改按钮颜色。按照图 6-15 所示步骤来修改按钮文本颜色、边线颜色、填充颜色。

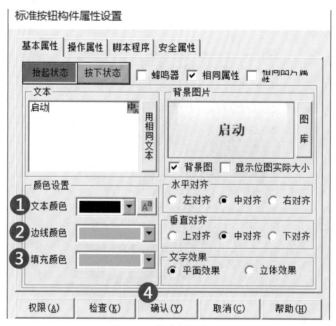

图 6-15 修改按钮颜色

第四步，修改按钮背景图片。在"基本属性"页中，点击"图库"，如图 6-16 所示，弹出"元件图库管理"对话框。

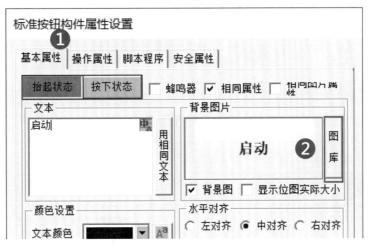

图 6-16 修改按钮背景图片

在"元件图库管理"对话框中，图库类型选择"背景图片"中的"操作类"，在"操作类"中选择"标准按钮_拟物_抬起"，最后点击"确定"按钮保存，操作步骤如图 6-17 所示。

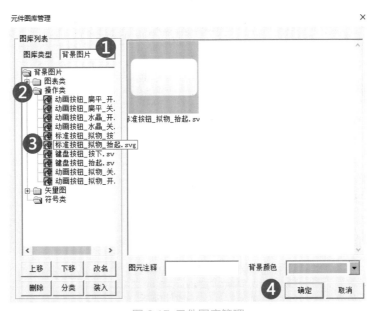

图 6-17 元件图库管理

按照以上步骤，完成后的按钮如图 6-18 所示。大家也可以根据自己的喜好选择按钮的颜色和背景图片。

图 6-18 完成效果

第五步，添加"停止"按钮。其步骤与添加"启动"按钮一样。可以拷贝（Ctrl+C）"启动"按钮，再粘贴（Ctrl+V）到组态窗口，操作步骤如图 6-19 所示。

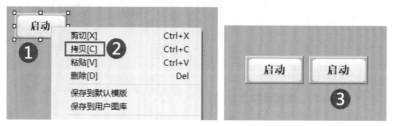

图 6-19 拷贝"启动"按钮

把"启动"文本修改为"停止"，再点击"确认"按钮保存，操作步骤如图 6-20 所示。

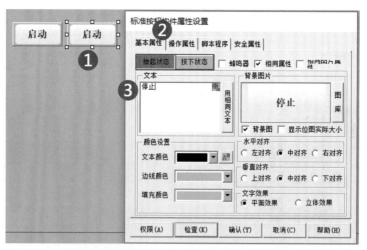

图 6-20 修改按钮文本

按钮组态完成后的效果如图 6-21 所示。

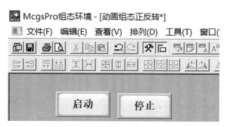

图 6-21 按钮组态完成效果

2. 添加指示灯

第一步，插入元件。点击工具栏的 🛠，打开"工具箱"，在"工具箱"中选择"插入元件"，如图 6-22 所示。

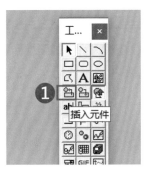

图 6-22 插入元件

第二步，选择指示灯背景图片。点击"插入元件"按钮，弹出"元件图库管理"对话框，在"图库类型"中选择"公共图库"，点击"指示灯"文件夹，选择"指示灯 3"，操作步骤如图 6-23 所示。

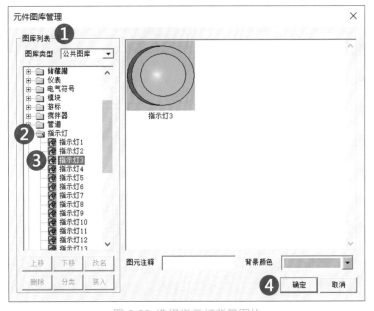

图 6-23 选择指示灯背景图片

按照以上步骤，完成后的指示灯效果如图 6-24 所示。大家也可以按照自己的喜好选择指示灯样式。

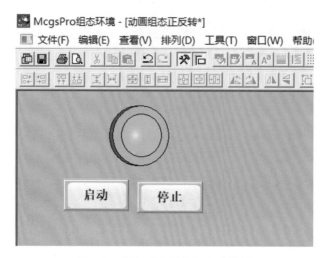

图 6-24 添加"指示灯"完成效果

3. 添加标签

第一步，插入标签。单击"工具箱中"的"标签"构件，在窗口按住鼠标左键，拖放出一定大小的标签，如图 6-25 所示。

图 6-25 插入标签

第二步，修改标签属性。双击该标签，弹出"标签动画组态属性设置"对话框，在"扩展属性"页中的"文本内容输入"中输入"运行指示"，点击"确认"按钮，如图 6-26 所示。完成后的效果如图 6-27 所示。

图 6-26 修改标签属性

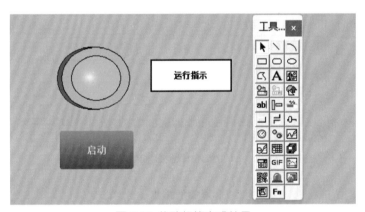

图 6-27 修改标签完成效果

6.3　昆仑通态 TPC7012EL 与西门子 S7-200 PLC 数据关联

6.3.1　设置"启动"按钮功能属性和数据关联

第一步，设置"启动"按钮抬起功能属性。双击"启动"按钮，弹出"标准按钮构件属性设置"对话框，在"操作属性"页，默认"抬起功能"按钮为按下状态，勾选"数据对象值操作"，选择"清0"，操作步骤如图 6-28 所示。

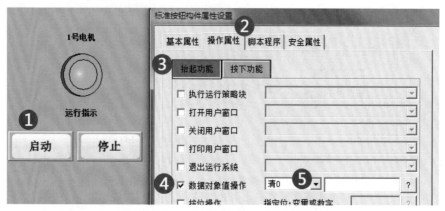

图 6-28 设置"启动"按钮抬起功能属性

第二步，设置"启动"按钮抬起功能的数据关联。点击变量选择"？"如图 6-29 所示，进入变量选择页面。

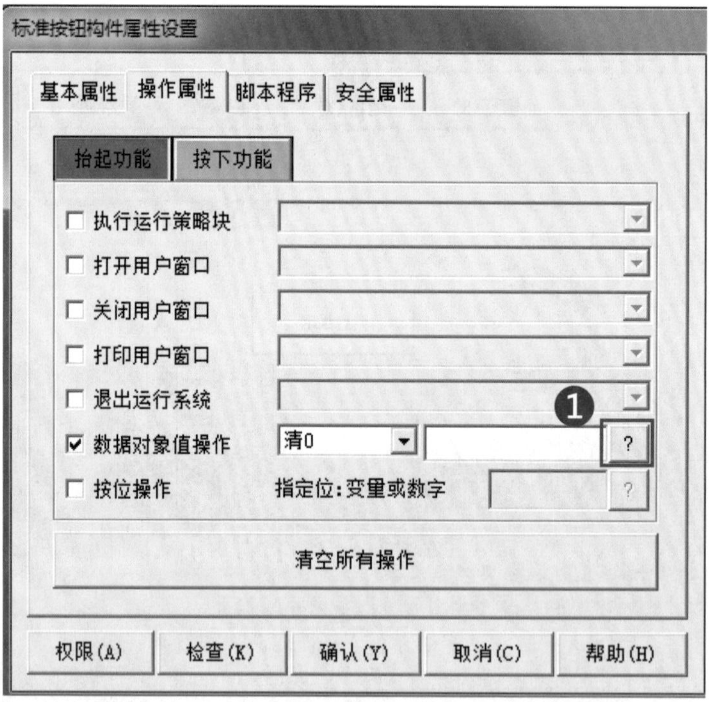

图 6-29 设置"启动"按钮抬起功能的数据关联

第三步，点选"根据采集信息生成"，采集设备选择"设备 0 [西门子 _S7200PPI]"，通道类型选择"M 寄存器"，数据类型选择"通道的第 00 位"，通道地址设置为"0"，读写类型选择"读写"，设置完成后点击"确认"按钮，操作步骤如图 6-30 所示。

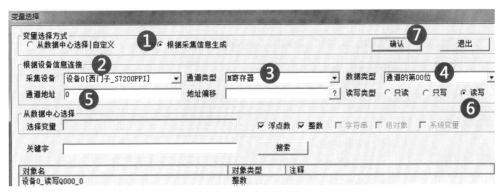

图 6-30 变量选择

设置完成后的"启动"按钮抬起功能属性如图 6-31 所示。

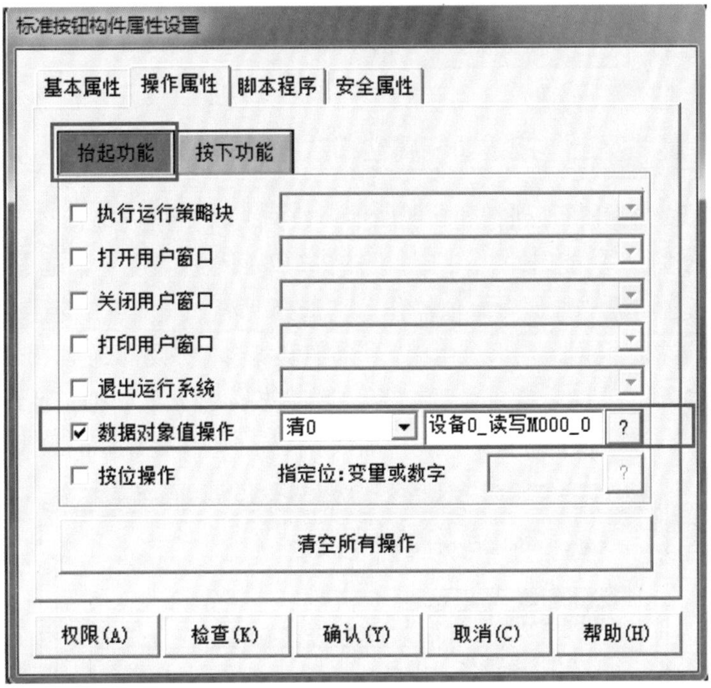

标准按钮构件属性设置

基本属性 | 操作属性 | 脚本程序 | 安全属性

抬起功能   按下功能

□ 执行运行策略块

□ 打开用户窗口

□ 关闭用户窗口

□ 打印用户窗口

□ 退出运行系统

☑ 数据对象值操作   清0   设备0_读写M000_0   ?

□ 按位操作   指定位:变量或数字   ?

清空所有操作

权限(A)   检查(K)   确认(Y)   取消(C)   帮助(H)

图 6-31 "启动"按钮抬起功能属性

第四步，设置"启动"按钮按下功能属性。按照以上的方法，设置"启动"按钮按下功能属性。勾选"数据对象值操作"，选择"置 1"。点击变量选择"?"，进入变量选择页面。选择"根据采集信息生成"，采集设备选择"设备 0 [西门子 _S7200PPI]"，通道类型选择"M 寄存器"，数据类型选择"通道的第 00 位"，通道地址设置为"0"，读写类型选择"读写"，设置完成后点击"确认"按钮，即在"启动"按钮按下时，M0.0 为"1"，操作完成后的结果如图 6-32 所示。

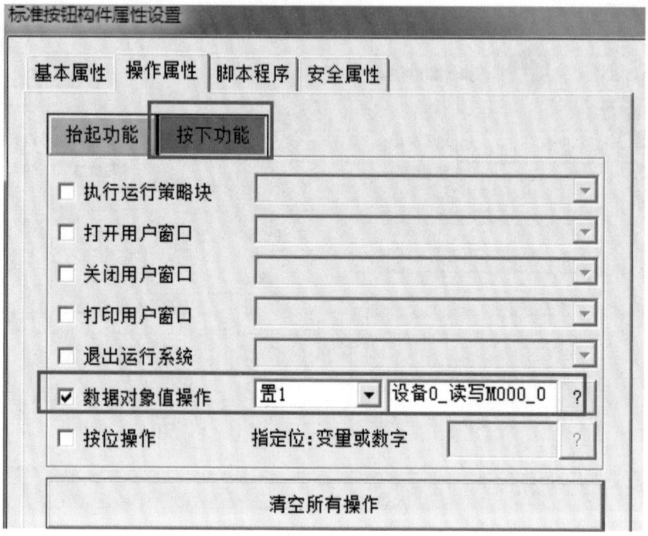

图 6-32 设置"启动"按钮按下功能属性

6.3.2 设置"停止"按钮功能属性和数据关联

第一步,设置"停止"按钮抬起功能属性和数据关联。按照"启动"按钮的操作方法,设置"停止"按钮抬起功能属性。在"标准按钮构件属性设置"对话框中,"抬起功能"按钮为按下状态,勾选"数据对象值操作",选择"清0"。点击变量选择"?",进入变量选择页面。选择"根据采集信息生成",采集设备选择"设备 0 [西门子 _S7200PPI]",通道类型选择"M 寄存器",数据类型选择"通道的第 01 位",通道地址设置为"0",读写类型选择"读写",设置完成后点击"确认"按钮,操作完成后的结果如图 6-33 所示。

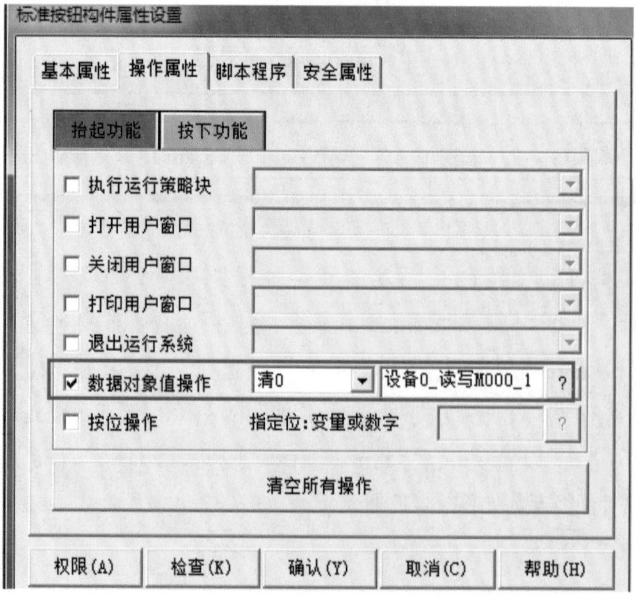

图 6-33 设置"停止"按钮抬起功能属性和数据关联

第二步，设置"停止"按钮按下功能数据关联。按照以上的方法，设置"停止"按钮按下功能属性，即勾选"数据对象值操作"，选择"置 1"。点击变量选择"?"，进入变量选择页面。选择"根据采集信息生成"，采集设备选择"设备 0 [西门子 _S7200PPI]"，通道类型选择"M 寄存器"，数据类型选择"通道的第 01 位"，通道地址设置为"0"，读写类型选择"读写"，设置完成后点击"确认"按钮，操作完成后的结果如图 6-34 所示。

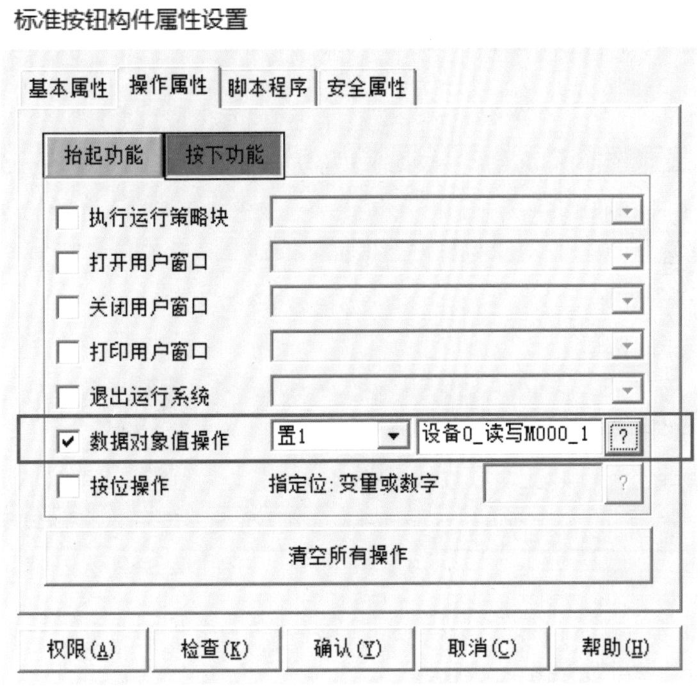

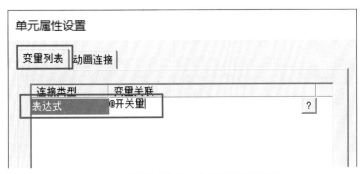

图 6-34 设置"停止"按钮按下功能属性和数据关联

6.3.3 设置"指示灯"按钮单元属性和数据关联

第一步，设置"指示灯"按钮单元属性。双击"指示灯"按钮，弹出"单元属性设置"对话框，在"变量列表"页，选择"表达式"项，如图 6-35 所示。

图 6-35 设置"指示灯"按钮单元属性

第二步，设置指示灯单元的数据关联。点击变量选择"?"，进入变量选择窗口，具体步骤如图 6-36 所示。

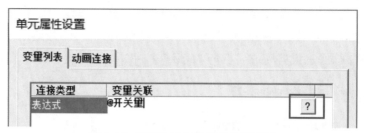

图 6-36 设置指示灯单元的数据关联

第三步，在变量选择窗口选择"根据采集信息生成"，"采集设备"选择"设备 0 [西门子 _S7200PPI]"，"通道类型"选择"Q 寄存器"，"数据类型"选择"通道的第 00 位"，"通道地址"设置为"0"，"读写类型"选择"读写"，设置完成后点击"确认"按钮，具体步骤如图 6-37 所示。

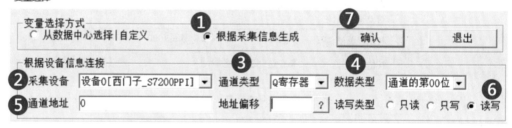

图 6-37 变量选择

设置完成后的结果如图 6-38 所示。

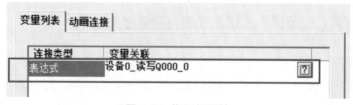

图 6-38 指示灯属性

6.4 工程下载

工程完成之后，就可以下载到昆仑通态 TPC 里面运行。这里我们选择使用 U 盘方式下载工程。

（1）将 U 盘插到电脑上。

（2）电脑识别 U 盘之后，点击工具栏中的下载按钮 ▤↓（或按 F5），打开"下载配置"对话框，运行方式点选"联机"，点击"U 盘包制作"，如图 6-39 所示。

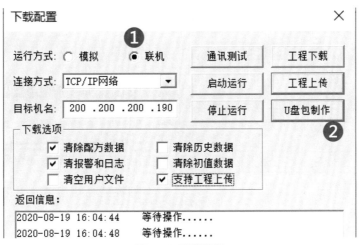

图 6-39 下载配置

在弹出的"U 盘功能包内容选择对话框"中，点击"选择"按钮，选择 U 盘的路径，勾选"升级运行环境"，点击"确定"按钮，如图 6-40 所示。完成后会弹出如图 6-41 所示制作成功的提示窗口。

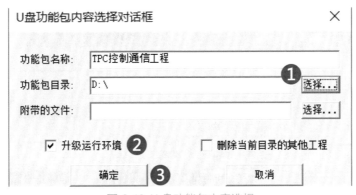

图 6-40 U 盘功能包内容选择

图 6-41 U 盘包制作

在昆仑通态 TPC 上插入 U 盘，出现"正在初始化 U 盘……"提示框，稍等片刻便会弹出是否继续的对话框，点击"是"按钮，弹出功能选择界面，点击"启动工程更新"按钮，如图 6-42 所示。

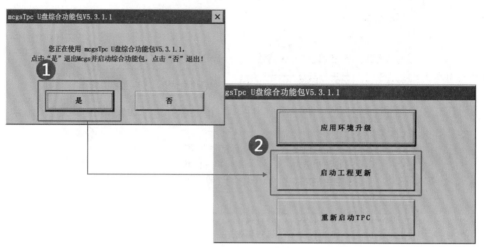

图 6-42 U 盘包制作

点击"启动工程更新"后，弹出"用户工程更新"对话框，点击"开始"→"开始下载"，进行工程更新，下载完成后拔出 U 盘，TPC 会在 10 s 后自动重启，也可手动选择"重启TPC"，如图 6-43 所示。重启之后，工程就成功更新到 TPC 中了。

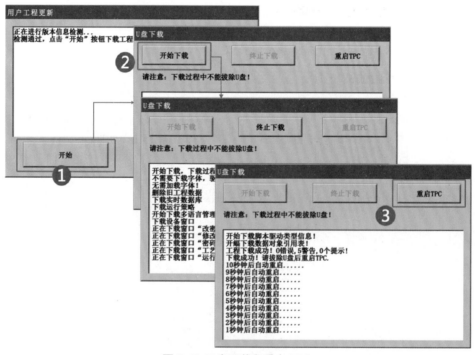

图 6-43 U 盘下载和重启 TPC

6.5 工程上传

工程完成之后，可把工程项目上传到 U 盘或者个人电脑进行备份。这里我们学习使用 U 盘方式上传工程。

McgsPro 组态支持上传组态工程，但必须确保 TPC 里的工程是可支持上传的，因此在下载工程时或在 U 盘包制作时必须勾选"支持工程上传"选项，这时，支持上传的功能才有效，如图 6-44 所示。

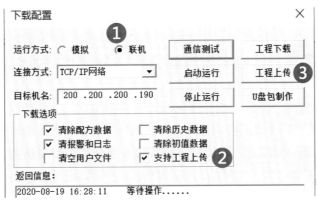

图 6-44 勾选支持工程上传设置

U 盘上传的步骤如下：PC 端组态软件在 U 盘中制作综合功能包→在 TPC 上插入 U 盘→弹出 U 盘功能包综合选择→点击"是"→弹出功能选择界面→确保"上传工程到 U 盘"按钮可用→点击"上传工程到 U 盘"→"U 盘上传"界面→点击"上传"，开始上传工程。此时可以查看 U 盘在 \tpcbackup\ 目录下有一个 McgsTpcProject.mcp 的工程文件，即导出的工程文件，如图 6-45 所示。

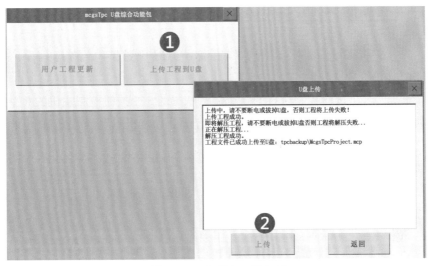

图 6-45 U 盘组态工程上传

第 7 章

西门子 S7-200 Smart PLC 的 S7 通信

7.1 两台西门子 S7-200 Smart PLC 之间的 S7 通信

S7 协议是专门为西门子控制产品优化设计的通信协议，它是面向连接的协议，在进行数据交换之前，通信伙伴之间必须建立连接。面向连接的协议具有较高的安全性。

连接是指两个通信伙伴之间为了执行通信服务而建立的逻辑链路，而不是指两个站之间用物理媒体（例如电缆）实现的连接。S7 连接是需要组态的静态连接，静态连接要占用 CPU 的连接资源。通信连接分为单向连接和双向连接，S7-1200 仅支持 S7 单向连接。

单向连接中的客户机（client）是向服务器（server）请求服务的设备，客户机调用 Get/Put 指令读、写服务器的存储区。服务器是通信中的被动方，用户不用编写服务器的 S7 通信程序，S7 通信是由服务器的操作系统完成的。因为客户机可以读、写服务器的存储区，单向连接实际上可以双向传输数据。

7.2 两台西门子 S7-200 Smart PLC 之间的 S7 通信的案例要求

设备：两台 S7-200 Smart PLC，一台作主机（分配 IP 地址为 192.168.2.1），一台作从机（分配 IP 地址为 192.168.2.2）。

要求：主机的 8 个按钮控制从机的 8 个灯，从机的 8 个按钮控制主机的 8 个灯。

主机利用向导组态网络，并调用生成的子程序。而从机只要设置好 IP 地址即可，一般无须编程。

S7 通信程序编写如下。

（1）点击主机工具栏中的"Get/Put"按钮，如图 7-1 所示。

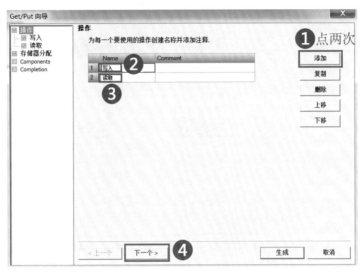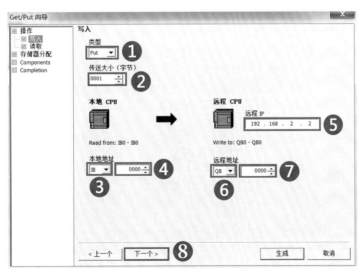

图 7-1 向导工具栏

（2）进入"Get/Put 向导"界面，点击"添加"按钮，在操作项目树下添加一个写入操作项目和一个读取操作项目，如图 7-2 所示。

图 7-2 Get/Put 向导

（3）在"写入"界面设置传送大小，设置从机 IP 地址并设置主机和从机的映射数据，如图 7-3 所示。

图 7-3 写入数据

（4）在"读取"界面设置传送大小，设置从机 IP 地址并设置主机和从机的映射数据，如图 7-4 所示。

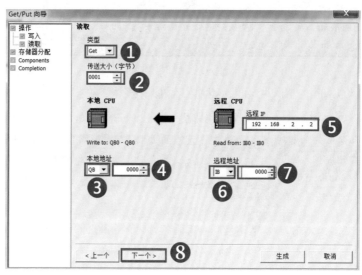

图 7-4 读取数据

（5）进入"存储器分配"界面，点击"建议"，给内部分配一定的存储区，如图 7-5 所示。

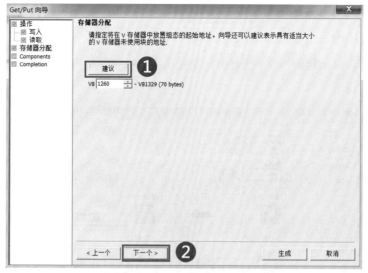

图 7-5 存储器分配

（6）完成上述操作后将生成相应的组件，如图 7-6 所示。

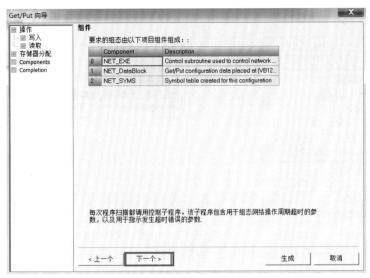

图 7-6 配置生成的控制子程序

（7）继续点击"下一个"，出现"生成"界面，点击"生成"按钮，完成整个组态过程，如图 7-7 所示。

图 7-7 配置完成

（8）程序编写。调用向导如图 7-8 所示。

生成的子程序在向导里面进行查看并调用

图 7-8 调用向导

通信程序编写如图 7-9 所示。

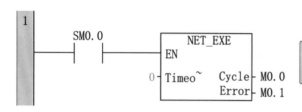

SM0.0调用NET_EXE子程序，超时为0，M0.0为周期完成标志，M0.1为错位标志位

图 7-9 程序编写

第 8 章 西门子 S7-200 Smart PLC 与西门子 V20 变频器的 USS 通信

8.1 西门子 S7-200 Smart PLC 与西门子 V20 变频器的 USS 通信基础知识

8.1.1 USS 通信库指令

USS 通信库指令如图 8-1 所示。

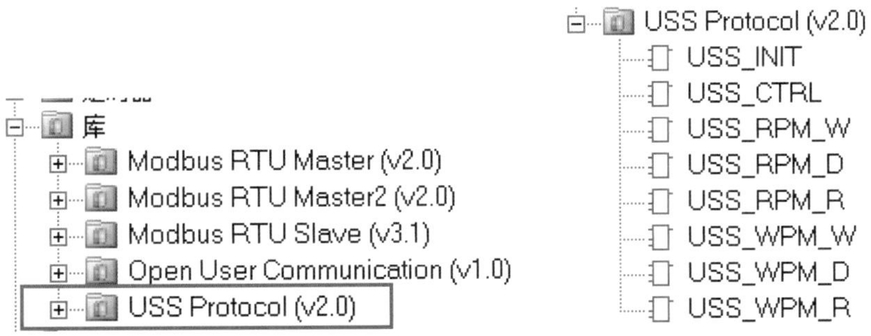

图 8-1 USS 通信库指令

1. 初始化指令 USS_INIT

1）初始化指令 USS_INIT 的参数

初始化指令 USS_INIT 的参数说明如表 8-1 所示。

表 8-1 USS_INIT 指令参数表

LAD	输入 / 输出	说明	数据类型
	EN	使能	BOOL
	Mode	模式	BYTE
USS_INIT	Baud	通信的波特率	DWORD
EN	Port	端口号	BYTE
Mode　　Done	Active	激活的驱动器	DWORD
Baud　　Error	Done	完成初始化	BOOL
Port	Error	错误代码	BYTE
Active			

2）初始化指令 USS_INIT 详细介绍

EN：初始化程序。USS_INIT 只需在程序中执行一个周期就能改变通信口的功能，以及进行其他一些必要的初始设置，可以使用 SM0.1 或者沿触发的信号调用 USS_INIT 指令。

Mode：模式选择。执行 USS_INIT 时，Mode 的状态决定了是否在端口 0 上使用 USS 通信功能，模式选择说明如表 8-2 所示。

表 8-2 模式选择说明

Mode 状态	模式说明
1	设置在端口 0 使用 USS 通信功能并进行相关初始化
0	恢复端口 0 为 PPI 从站模式

Baud：USS 通信波特率。此参数要和变频器的参数设置一致。

Done：初始化完成标志。

Error：初始化错误代码。

Port：设置物理通信端口（0=CPU 中集成的 RS485，1= 可选 CM01 信号板上的 RS485 或 RS232）。

Active：激活的驱动器。此参数决定了网络中的哪些 USS 从站在通信中有效。在该接口处填写通信的站地址，被激活的位为 1，即表示与几号从站通信。例如：与 3 号从站通信，则 3 号位被激活为 1，得到 2#1000，转为 16#08。通信站地址激活如图 8-2 所示。

图 8-2 通信站地址激活

2. 驱动器控制指令 USS_CTRL

1）驱动器控制指令 USS_CTRL 的参数

驱动器控制指令 USS_CTRL 的参数说明如表 8-3 所示。

表 8-3 USS_CTRL 指令参数说明

LAD	输入 / 输出	说明	数据类型
USS_CTRL〔LAD块：EN, RUN, OFF2, OFF3, F_ACK, DIR, Drive, Type, Speed_SP → Resp_R, Error, Status, Speed, Run_EN, D_Dir, Inhibit, Fault〕	EN	使能	BOOL
	RUN	运行，表示驱动器是 ON（1）还是 OFF（0）	BOOL
	OFF2	允许驱动器快迅速停止	BOOL
	OFF3	允许驱动器滑行停止	BOOL
	F_ACK	故障确认	BOOL
	DIR	电机运转的方向	BOOL
	Drive	驱动器的地址	BYTE
	Type	选择驱动器的类型	BYTE
	Speed_SP	驱动器速度	REAL
	Resp_R	收到应答	BOOL
	Error	通信请求结果的错误字节	BYTE
	Status	驱动器返回的状态字原始数值	WORD
	Speed	全速百分比	REAL
	Run_EN	指示变频器运行状况：运行中（1）；已停止（0）	BOOL
	D_Dir	表示驱动器的旋转方向	BOOL
	Inhibit	驱动器上的禁止位状态	BOOL
	Fault	故障位状态	BOOL

2）变频器参数读取指令 USS_CTRL 参数详细介绍

EN：使用 SM0.0 使能 USS_CTRL 指令。

RUN：驱动器的启动 / 停止控制，如表 8-4 所示。

表 8-4 驱动器的启动 / 停止控制

状态	模式
0	停止
1	运行

OFF2：停车信号2。此信号为1时，驱动器将封锁主回路输出，电机快速停车。

OFF3：停车信号3。此信号为1时，驱动器将自由停车。

F_ACK：故障复位。在驱动器发生故障后，将通过状态字向 USS 主站报告；如果造成故障的原因排除，可以使用此输入端清除驱动器的报警状态，即复位。注意，这是针对驱动器的操作。

DIR：电机运转的方向。其 0/1 状态决定了运转方向。

Drive：驱动器在 USS 网络中的地址。从站必须在初始化时激活才能进行控制。

Type：向 USS_CTRL 功能块指示驱动器类型，驱动器类型如表 8-5 所示。

表 8-5 驱动器类型

状态	驱动器
0	MM3 系列或更早的产品
1	MM4 系列，SINAMICSG110

Speed_SP：速度设定值。速度设定值必须是一个实数，给出的数值是变频器的频率范围百分比还是绝对的频率值取决于变频器中的参数设置（如 MM440 的 P2009）。

Resp_R：从站应答确认信号。主站从 USS 从站收到有效的数据后，此位将为 1。

Error：错误代码。0 为无差错。

Status：驱动装置的状态字。此状态字直接来自驱动装置，表示当时的实际运行状态。详细的状态字信息含义请参考相应的驱动装置手册。

Speed：全速百分比。

Run_EN：运行模式反馈，表示驱动装置是运行（为 1）还是停止（为 0）。

D_Dir：指示驱动装置的运转方向，反馈信号。

Inhibit：驱动装置驱动器禁止状态指示（0 为未禁止，1 为禁止状态）。禁止状态下，驱动装置无法运行。要清除禁止状态，故障位必须复位，并且 RUN、OFF2 和 OFF3 都为 0。

Fault：故障指示位（0 为无故障，1 为有故障）。驱动装置处于故障状态，驱动装置上会显示故障代码（如果有显示装置）。要复位故障报警状态，必须先消除引起故障的原因，然后用 F_ACK、驱动装置的端子或操作面板复位故障状态。

3. 变频器参数读取指令

1）变频器参数读取指令 USS_RPM_W 的参数

USS_RPM_W 指令用于读取无符号字参数，其参数说明如表 8-6 所示。

表 8-6 USS_RPM_W 指令参数说明

LAD	输入 / 输出	说明	数据类型
USS_RPM_W EN XMT_REQ Drive　Done Param　Error Index　Value DB_Ptr	EN	使能	BOOL
	XMT_REQ	发送请求	BOOL
	Drive	读取设备站地址	BYTE
	Param	参数号	WORD
	Index	参数下标	WORD
	Db_Ptr	读取数据缓存区	DWORD
	Done	读取功能完成标志位	BOOL
	Error	错误代码	BYTE
	Value	读出的数据值	WORD

2）变频器参数读取指令 USS_RPM_D 的参数

USS_RPM_D 指令用于读取无符号双字参数，其参数说明如表 8-7 所示。

表 8-7 USS_RPM_D 指令参数说明

LAD	输入 / 输出	说明	数据类型
USS_RPM_D EN XMT_REQ Drive　Done Param　Error Index　Value DB_Ptr	EN	使能	BOOL
	XMT_REQ	发送请求	BOOL
	Drive	读取设备站地址	BYTE
	Param	参数号	WORD
	Index	参数下标	WORD
	Db_Ptr	读取数据缓存区	DWORD
	Done	读取功能完成标志位	BOOL
	Error	错误代码	BYTE
	Value	读出的数据值	DWORD

3）变频器参数读取指令 USS_RPM_R 的参数

USS_RPM_R 指令用于读取实数，其参数说明如表 8-8 所示。

表 8-8 USS_RPM_R 指令参数说明

LAD	输入 / 输出	说明	数据类型
USS_RPM_R EN XMT_REQ Drive　Done Param　Error Index　Value DB_Ptr	EN	使能	BOOL
	XMT_REQ	发送请求	BOOL
	Drive	读取设备站地址	BYTE
	Param	参数号	WORD
	Index	参数下标	WORD
	Db_Ptr	读取数据缓存区	DWORD
	Done	读取功能完成标志位	BOOL
	Error	错误代码	BYTE
	Value	读出的数据值	REAL

4）变频器参数读取指令详细介绍

EN：使能，此输入端必须为1。

XMT_REQ：发送请求。必须使用一个沿检测触点以触发读操作，它前面的触发条件必须与EN端输入一致。

Drive：读取参数的驱动装置在USS网络中的地址。

Param：参数号（仅数字）。

Index：参数下标。有些参数是由多个带下标的参数组成的一个参数组，下标用来指出具体的某个参数。对于没有下标的参数，可设置为0。

DB_Ptr：读取指令需要一个16字节的数据缓冲区，可用间接寻址形式给出一个起始地址。此数据缓冲区与库存储区不同，是每个指令各自独立需要的。

注：此数据缓冲区不能与其他数据区重叠，各指令之间的数据缓冲区也不能冲突。

Done：读取功能完成标志位，读写完成后置1。

Error：错误代码。0为无错误。

Value：读取的数据值。要指定一个单独的数据存储单元。

注：EN和XMT_REQ的触发条件必须同时有效，EN必须持续到读取功能完成（Done为1），否则会出错。

4. 变频器参数写入指令

1）变频器参数写入指令USS_WPM_W的参数

USS_WPM_W指令用于写入无符号字参数，其参数说明如表8-9所示。

表8-9 USS_WPM_W指令参数说明

LAD	输入/输出	说明	数据类型
USS_WPM_W EN XMT_REQ EEPROM Drive　　Done Param　　Error Index Value DB_Ptr	EN	使能	BOOL
	XMT_REQ	发送请求	BOOL
	EEPROM	参数写入EEPROM	BOOL
	Drive	写入设备站地址	BYTE
	Param	参数号	WORD
	Index	参数下标	WORD
	Value	写入的数据值	WORD
	DB_Ptr	写入数据缓存区	DWORD
	Done	写入功能完成标志位	BOOL
	Error	错误代码	BYTE

2）频器参数写入指令USS_WPM_D的参数

USS_WPM_D指令用于写入无符号双字参数，其参数说明如表8-10所示。

表 8-10 USS_WPM_D 指令参数说明

LAD	输入 / 输出	说明	数据类型
	EN	使能	BOOL
USS_WPM_D	XMT_REQ	发送请求	BOOL
EN	EEPROM	参数写入 EEPROM	BOOL
XMT_REQ	Drive	写入设备站地址	BYTE
EEPROM	Param	参数号	WORD
Drive Done	Index	参数下标	WORD
Param Error	Value	写入的数据值	DWORD
Index	Db_Ptr	写入数据缓存区	DWORD
Value	Done	写入功能完成标志位	BOOL
DB_Ptr	Error	错误代码	BYTE

3）变频器参数写入指令 USS_WPM_R 的参数

USS_WPM_R 指令用于写入实数（浮点数）参数，其参数说明如表 8-11 所示。

表 8-11 USS_WPM_R 指令参数说明

LAD	输入 / 输出	说明	数据类型
	EN	使能	BOOL
USS_WPM_R	XMT_REQ	发送请求	BOOL
EN	EEPROM	参数写入 EEPROM	BOOL
XMT_REQ	Drive	写入设备站地址	BYTE
EEPROM	Param	参数号	WORD
Drive Done	Index	参数下标	WORD
Param Error	Value	写入的数据值	REAL
Index	DB_Ptr	写入数据缓存区	DWORD
Value	Done	写入功能完成标志位	BOOL
DB_Ptr	Error	错误代码	BYTE

4）变频器参数写入指令详细介绍

EN：使能，此输入端必须为 1。

XMT_REQ：发送请求。必须使用一个沿检测触点以触发写操作，它前面的触发条件必须与 EN 端输入一致。

EEPROM：将参数写入 EEPROM 中，由于 EEPROM 的写入次数有限，若始终接通 EEPROM 很快就会损坏，通常该位用 SM0.0 的常闭触点接通。

Drive：写入参数的驱动装置在 USS 网络中的地址。

Param：参数号（仅数字）。

Index：参数下标。有些参数是由多个带下标的参数组成的一个参数组，下标用来指示具体的某个参数。对于没有下标的参数，可设置为0。

Value：写入的数据值。要指定一个单独的数据存储单元。

DB_Ptr：写入指令需要一个16字节的数据缓冲区，可用间接寻址形式给出一个起始地址。此数据缓冲区与库存储区不同，是每个指令各自独立需要的。

注：此数据缓冲区也不能与其他数据区重叠，各指令之间的数据缓冲区也不能冲突。

Done：写入功能完成标志位，写入完成后置1。

Error：错误代码。0表示无错误。

注：EN和XMT_REQ的触发条件必须同时有效，EN必须持续到写入功能完成（Done为1），否则会出错。

8.1.2 分配库存储器

利用功能块编程前首先应为其分配存储器，否则软件编译时会报错。具体方法如下。

执行STEP7-Micro/Win命令"程序块"→"库存储器"，如图8-3所示，打开"库存储区分配"对话框。

图8-3 库存储器分配（1）

在"库存储器分配"对话框中输入库存储器的起始地址，注意避免该地址和程序中已经采用或准备采用的其他地址重合。点击"建议地址"按钮，系统将自动计算存储器的截止地址，然后点击"确定"按钮即可，如图8-4所示。

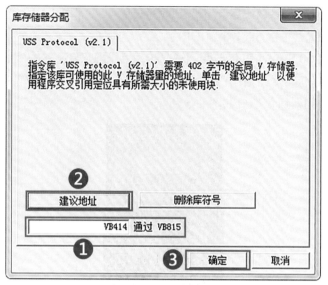

图 8-4 库存储器分配（2）

8.2 西门子 S7-200 Smart PLC 与西门子 V20 变频器通信案例

8.2.1 西门子 S7-200 Smart PLC 与 1 台西门子 V20 变频器 USS 通信案例

1. 案例要求

西门子 S7–200 Smart PLC 通过 USS 通信控制西门子 V20 变频器。I0.0 启动变频器，I0.1 立即停车变频器，I0.2 自由停车变频器，I0.3 复位变频器故障，I0.4 控制变频器正转，I0.5 控制变频器反转。

2.PLC 程序 I/O 分配

PLC 程序 I/O 分配如表 8–12 所示。

表 8-12 I/O 分配表

输入	功能
I0.0	启动
I0.1	快速停车
I0.2	自由停车
I0.3	故障复位
I0.4	正转
I0.5	反转

3.V20 变频器的基本参数设置

变频器参数设置参考第 3.3.1 小节的内容。

4. 西门子 S7-200 Smart PLC 与西门子 V20 变频器 USS 通信的接线

1）西门子 V20 变频器通信端口

西门子 V20 变频器通信端口如图 8-5 所示。

图 8-5 西门子 V20 变频器通信端口示意图

与 USS 通信有关的前面板端子的名称与功能如表 8-13 所示。PROFIBUS 电缆的红色芯线应当压入端子 6；绿色芯线应当连接到端子 7。

表 8-13 西门子 V20 变频器 USS 通信端口的名称与功能

端子号	名称	功能
6	P+	RS485 信号 +
7	N–	RS485 信号 –

2）西门子 S7-200 Smart PLC 通信端口

西门子 S7-200 Smart PLC 通信端口的名称与功能如表 8-14 所示。

表 8-14 西门子 S7-200 Smart PLC 通信端口的名称与功能

端子号	名称	功能
3	+	RS485 信号 +
8	–	RS485 信号 –

西门子 S7-200 Smart PLC 与西门子 V20 变频器 USS 通信端口接线如图 8-6 所示。

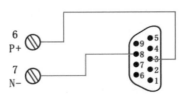

图 8-6 西门子 S7-200 Smart PLC 与西门子 V20 变频器通信端口接线图

3）西门子 S7–200 Smart PLC 与西门子 V20 变频器 USS 通信接线

西门子 S7–200 Smart PLC 与西门子 V20 变频器 USS 通信接线如图 8–7 所示。

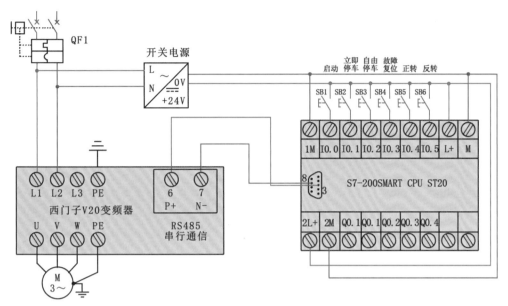

图 8-7 西门子 S7-200 Smart PLC 与西门子 V20 变频器通信接线

4）西门子 S7–200 Smart PLC 与西门子 V20 变频器 USS 通信电路实物接线

西门子 S7–200 Smart PLC 与西门子 V20 变频器 USS 通信电路实物接线如图 8–8 所示。

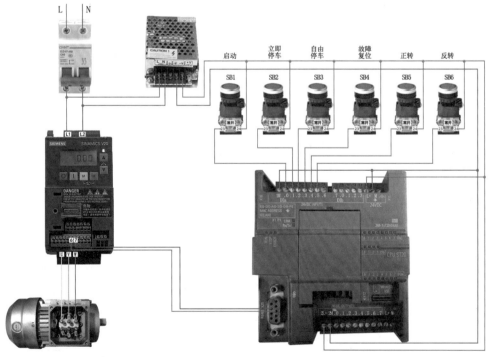

图 8-8 西门子 200 Smart PLC 与西门子 V20 变频器 USS 通信实物接线

5. 西门子 S7-200 Smart PLC 与西门子 V20 变频器的 USS 通信程序图

PLC 程序如图 8-9 所示。

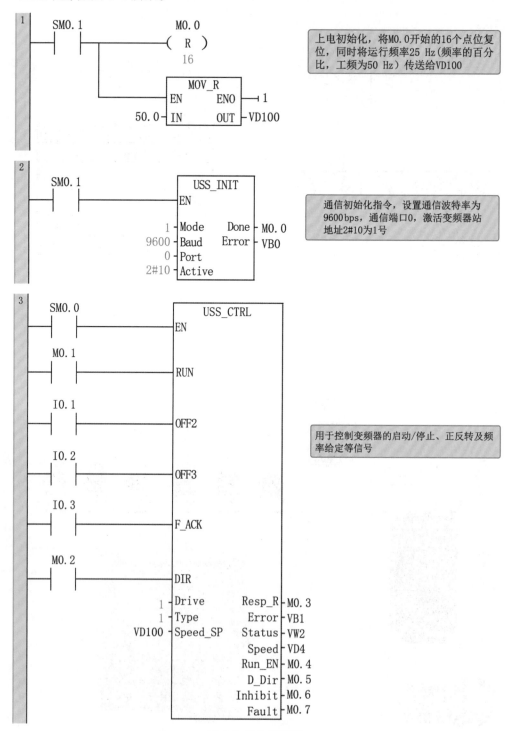

图 8-9 PLC 程序图

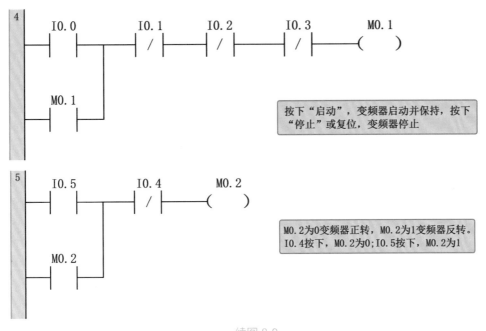

续图 8-9

西门子 S7-200 Smart PLC 与 4 台西门子 V20 变频器 USS 通信案例

1. 案例要求

西门子 S7-200 Smart PLC 通过 USS 通信控制与 4 台西门子 V20 变频器。PLC 中 I0.0 启动从站 1 变频器，I0.1 立即停车从站 1 变频器，I0.2 自由停车从站 1 变频器，I0.3 复位从站 1 变频器故障，I0.4 控制从站 1 变频器正转，I0.5 控制从站 1 变频器反转；PLC 中 I0.6 启动从站 2 变频器，I0.7 立即停车从站 2 变频器，I1.0 自由停车从站 2 变频器，I1.1 复位从站 2 变频器故障，I1.2 控制从站 2 变频器正转，I1.3 控制从站 2 变频器反转；PLC 中 I8.0 启动从站 3 变频器，I8.1 立即停车从站 3 变频器，I8.2 自由停车从站 3 变频器，I8.3 复位从站 3 变频器故障，I8.4 控制从站 3 变频器正转，I8.5 控制从站 3 变频器反转；PLC 中 I8.6 启动从站 4 变频器，I8.7 立即停车从站 4 变频器，I9.0 自由停车从站 4 变频器，I9.1 复位从站 4 变频器故障，I9.2 控制从站 4 变频器正转，I9.3 控制从站 4 变频器反转。

2.PLC 程序 I/O 分配

I/O 分配如表 8-15 所示。

表 8-15 I/O 分配表

输入	功能	输入	功能
I0.0	从站 1 启动	I8.0	从站 3 启动
I0.1	从站 1 立即停车	I8.1	从站 3 立即停车
I0.2	从站 1 自由停车	I8.2	从站 3 自由停车
I0.3	从站 1 故障复位	I8.3	从站 3 故障复位
I0.4	从站 1 正转	I8.4	从站 3 正转
I0.5	从站 1 反转	I8.5	从站 3 反转
I0.6	从站 2 启动	I8.6	从站 4 启动
I0.7	从站 2 立即停车	I8.7	从站 4 立即停车
I1.0	从站 2 自由停车	I9.0	从站 4 自由停车
I1.1	从站 2 故障复位	I9.1	从站 4 故障复位
I1.2	从站 2 正转	I9.2	从站 4 正转
I1.3	从站 2 反转	I9.3	从站 4 反转

3.V20 变频器的基本参数设置

变频器参数设置参考第 3.3.2 小节。

4. 西门子 S7-200 Smart PLC 与西门子 V20 变频器 USS 通信接线

1）西门子 V20 变频器通信端口

西门子 V20 变频器通信端口如图 8-10 所示。

图 8-10 西门子 V20 变频器通信端口

与 USS 通信有关的前面板端口说明如表 8–16 所示。PROFIBUS 电缆的红色芯线应当压入端子 6；绿色芯线应当连接到端子 7。

表 8-16 西门子 V20 USS 变频器通信端子端口说明

端子号	名称	功能
6	P+	RS485 信号 +
7	N–	RS485 信号 –

2）西门子 S7–200 Smart PLC 通信端口

西门子 S7–200 Smart PLC 通信端口说明如表 8–17 所示。

表 8-17 西门子 S7-200 Smart PLC 通信端口说明

端子号	名称	功能
3	+	RS485 信号 +
8	–	RS485 信号 –

西门子 S7–200 Smart PLC 与西门子 V20 变频器 USS 通信端口接线如图 8–11 所示。

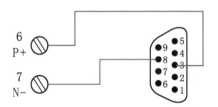

图 8-11 西门子 S7-200 Smart PLC 与西门子 V20 变频器通信线接线示意图

3）西门子 S7-200 Smart PLC 与 4 台西门子 V20 变频器 USS 通信接线

西门子 S7-200 Smart PLC 与 4 台西门子 V20 变频器 USS 通信接线如图 8-12 所示。

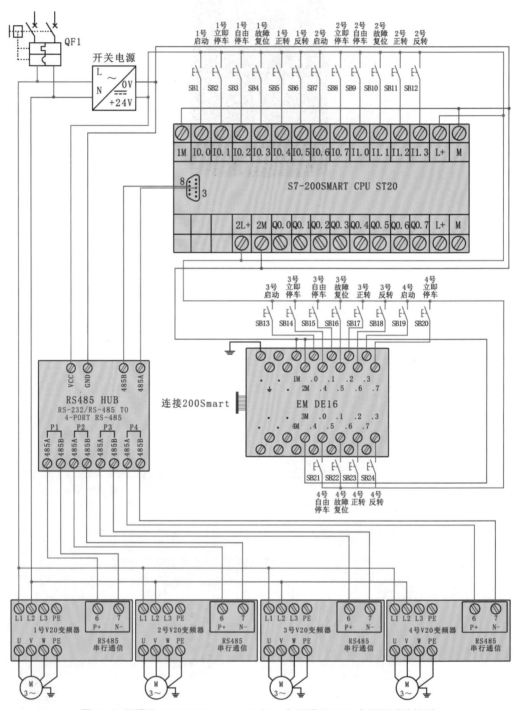

图 8-12 西门子 S7-200 Smart PLC 与 4 台西门子 V20 变频器通信接线

4）西门子 S7–200 Smart PLC 与 4 台西门子 V20 变频器 USS 通信实物接线

西门子 S7–200 Smart PLC 与 4 台西门子 V20 变频器 USS 通信实物接线如图 8–13 所示。

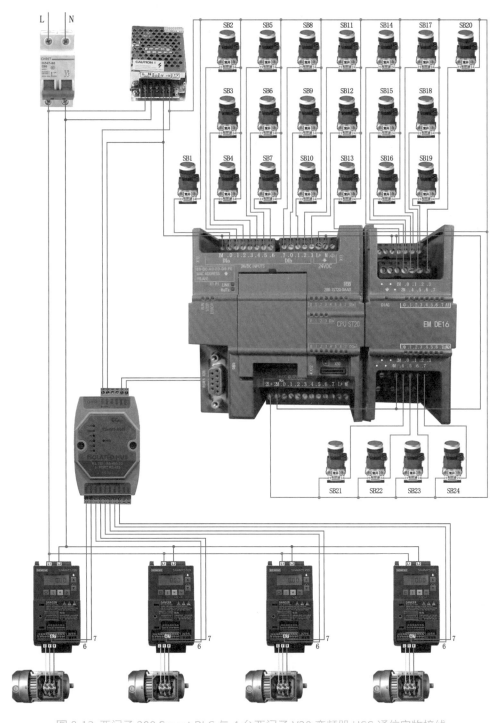

图 8-13 西门子 200 Smart PLC 与 4 台西门子 V20 变频器 USS 通信实物接线

5. 西门子 S7-200 Smart PLC 与 4 台西门子 V20 变频器 USS 通信程序图

PLC 程序如图 8-14 所示。

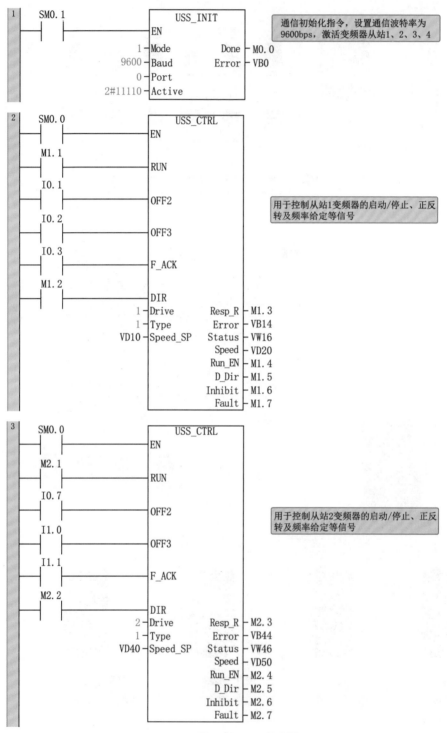

图 8-14 PLC 程序图

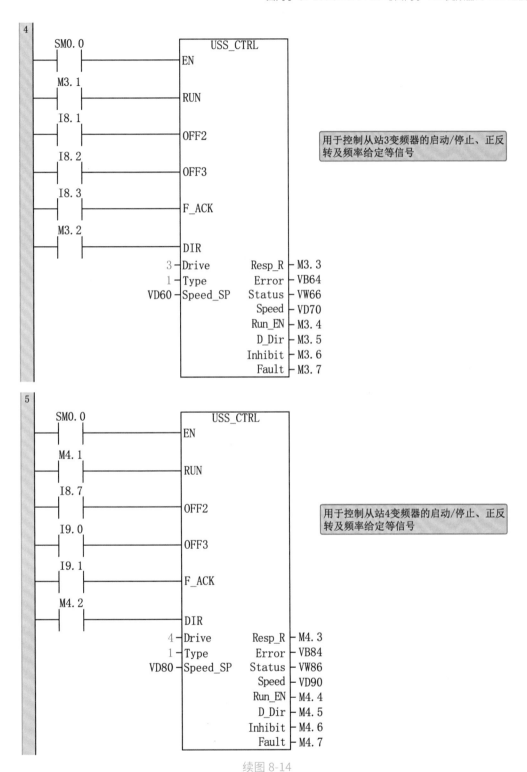

用于控制从站3变频器的启动/停止、正反转及频率给定等信号

用于控制从站4变频器的启动/停止、正反转及频率给定等信号

续图 8-14

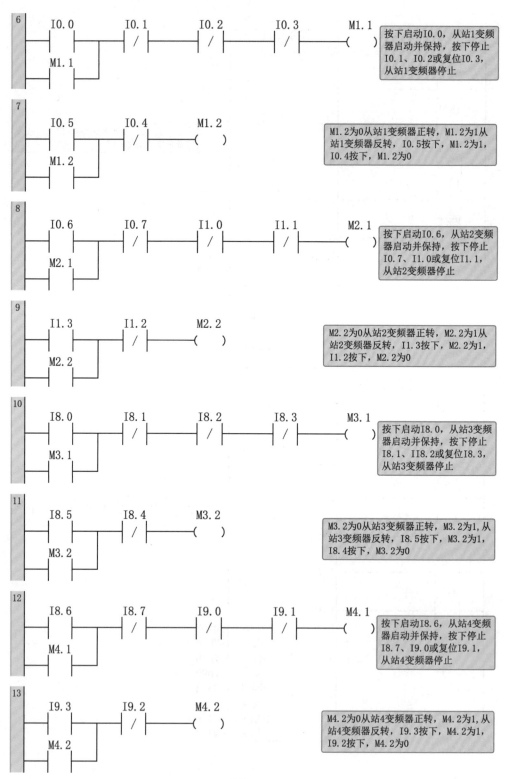

6　按下启动I0.0，从站1变频器启动并保持，按下停止I0.1、I0.2或复位I0.3，从站1变频器停止

7　M1.2为0从站1变频器正转，M1.2为1从站1变频器反转，I0.5按下，M1.2为1，I0.4按下，M1.2为0

8　按下启动I0.6，从站2变频器启动并保持，按下停止I0.7、I1.0或复位I1.1，从站2变频器停止

9　M2.2为0从站2变频器正转，M2.2为1从站2变频器反转，I1.3按下，M2.2为1，I1.2按下，M2.2为0

10　按下启动I8.0，从站3变频器启动并保持，按下停止I8.1、II8.2或复位I8.3，从站3变频器停止

11　M3.2为0从站3变频器正转，M3.2为1，从站3变频器反转，I8.5按下，M3.2为1，I8.4按下，M3.2为0

12　按下启动I8.6，从站4变频器启动并保持，按下停止I8.7、I9.0或复位I9.1，从站4变频器停止

13　M4.2为0从站4变频器正转，M4.2为1，从站4变频器反转，I9.3按下，M4.2为1，I9.2按下，M4.2为0

续图 8-14

第 9 章

西门子 S7–200 Smart PLC 与台达变频器的 Modbus 通信

9.1 西门子 S7-200 Smart PLC 的 Modbus 通信

9.1.1 Modbus 指令库

Modbus 指令库包括主站指令库和从站指令库，如图 9–1 所示。

```
├─▣ 表格
├─◉ 定时器
└─▣ 库
    ├─▣ Modbus RTU Master (v2.0)
    ├─▣ Modbus RTU Master2 (v2.0)
    ├─▣ Modbus RTU Slave (v3.1)
    ├─▣ Open User Communication (v1.0)
    └─▣ USS Protocol (v2.0)
└─▣ 调用子例程
```

图 9-1 Modbus 指令库

使用 Modbus 指令库必须注意：

S7–200 Smart PLC 自带 RS485 串口，默认端口的地址为 0，故可利用指令库来实现端口 0 的 Modbus RTU 主 / 从站通信。

9.1.2 Modbus 指令介绍

西门子 Modbus 主站协议库主要包括两条指令：MBUS_CTRL 指令和 MBUS_MSG 指令。

① MBUS_CTRL 指令（或用于端口 1 的 MBUS_CTRL_P1 指令）用于初始化主站通信，MBUS_MSG 指令（或用于端口 1 的 MBUS_MSG_P1 指令）用于启动对 Modbus 从站的请求并处理应答。

②MBUS_CTRL指令可初始化、监视或禁用Modbus通信。在使用MBUS_MSG指令之前，必须正确执行MBUS_CTRL指令。指令完成后立即设定完成位，才能继续执行下一条指令。

③ MBUS_CTRL 指令在每次扫描且 EN 输入打开时执行。MBUS_CTRL 指令必须在每次扫描时（包括首次扫描）被调用，以允许监视随 MBUS_MSG 指令启动的任何突出消息的进程。

1.MBUS_CTRL 指令

1）MBUS_CTRL 指令参数

MBUS_CTRL 指令参数说明如表 9-1 所示。

表 9-1 MBUS_CTRL 指令的参数说明

LAD	输入 / 输出	说明	数据类型
	EN	使能	BOOL
	Mode	1：将 CPU 端口分配给 Modbus 协议并启用该协议；0：将 CPU 端口分配给 PPI 协议，并禁用 Modbus 协议	BOOL
MBUS_CTRL EN Mode Baud　　Done Parity　Error Port Timeout	Baud	将波特率设为 1200、2400、4800、9600、19200、38400、57600 或 115200 bps	DWORD
	Parity	0：无奇偶校验；1：奇校验；2：偶校验	BYTE
	Port	端口号	BYTE
	Timeout	等待来自从站应答的毫秒时间数	WORD
	Done	初始化完成	BOOL
	Error	出错时返回错误代码	BYTE

2）MBUS_CTRL 指令参数详细介绍

EN：指令使能位。

Mode：模式参数。根据模式输入数值选择通信协议。输入值为1，表示将 CPU 端口分配给 Modbus 协议并启用该协议。输入值为 0，表示将 CPU 端口分配给 PPI 系统协议，并禁用 Modbus 协议。

Baud：波特率参数。MBUS_CTRL 指令支持的波特率为 1200 bps、2400 bps、4800 bps、9600 bps、19200 bps、38400 bps、57600 bps 或 115200 bps。

Parity：奇偶校验参数。奇偶校验参数应与 Modbus 从站奇偶校验相匹配。所有设置使用一个起始位和一个停止位。可接收的数值为：0（无奇偶校验）、1（奇校验）、2（偶校验）。

Port：端口参数，设置物理通信端口（0=CPU 中集成的 RS485，1= 可选 CM01 信号板上的 RS485 或 RS232）。

Timeout：超时参数。超时参数设为等待来自从站应答的毫秒时间数。超时数值设置的范围为 1~32767 ms。典型值是 1000 ms（1 s）。超时参数应该设置得足够大，以便从站在所选的波特率对应的时间内做出应答。

Done：MBUS_CTRL 指令成功完成时，Done 输出为 1，否则为 0。

Error：错误输出代码。错误输出代码由反映执行该指令结果的特定数字构成。错误输出代码的含义如表 9-2 所示。

表 9-2 错误输出代码含义

代码	含义	代码	含义
0	无错误	3	超时选择无效
1	奇偶校验选择无效	4	模式选择无效
2	波特率选择无效		

2.MBUS_MSG 指令

MBUS_MSG 指令（或用于端口 1 的 MBUS_MSG_P1 指令）用于启动对 Modbus 从站的请求并处理应答，单条 MSG 指令只能完成对指定从站的读或写请求。

当 EN 输入和 First 输入都为 1 时，MBUS_MSG 指令启动对 Modbus 从站的请求。发送请求、等待应答和处理应答通常需要多次扫描。EN 输入必须打开以启用发送请求，并应该保持打开直到完成位被置位。

必须注意的是，一次只能激活一条 MBUS_MSG 指令。如果启用了多条 MBUS_MSG 指令，则将处理所启用的第一条 MBUS_MSG 指令，之后的所有 MBUS_MSG 指令将中止并产生错误代码 6。

1）MBUS_MSG 指令参数

MBUS_MSG 指令参数说明如表 9-3 所示。

表 9-3 MBUS_MSG 参数说明

LAD	输入 / 输出	说明	数据类型
	EN	使能	BOOL
	First	"首次"参数应该在有新请求要发送时才打开，进行一次扫描。"首次"输入应当通过一个边沿检测元素（例如上升沿）打开，这可以保证请求被传送一次	BOOL
MBUS_MSG EN First Slave　Done RW　　Error Addr Count DataPtr	Slave	"从站"参数是 Modbus 从站的地址。允许的范围是 0~247	BYTE
	RW	0：读；1：写	BYTE
	Addr	"地址"参数是 Modbus 的起始地址	DWORD
	Count	"计数"参数，读取或写入的数据元素的数目	INT
	DataPtr	S7-200 Smart CPU 的 V 存储器中与读取或写入请求相关数据的间接地址指针	DWORD
	Done	完成位	BOOL
	Error	出错时返回错误代码	BYTE

2）MBUS_MSG 参数详细介绍

EN：指令使能位。

First："首次"参数。"首次"参数应该在有新请求要发送时才打开以进行一次扫描。"首次"输入应当通过一个边沿检测元素（例如上升沿）打开，这可以保证请求被传送一次。

Slave："从站"参数。"从站"参数是 Modbus 从站的地址，允许的范围是 0~247。地址 0 是广播地址，只能用于写请求，不存在对地址 0 的广播请求的应答。并非所有的从站都支持广播地址，S7-200 Smart PLC Modbus 从站协议库不支持广播地址。

RW：读写参数。读写参数指定是否要读取或写入该消息。读写参数允许使用下列两个值：0 表示读，1 表示写。

Addr：地址参数。

Count：计数参数。计数参数指定在请求中读取或写入的数据元素的数目。计数数值是位数（对于位数据类型）和字数（对于字数据类型）。

根据 Modbus 协议，计数参数与 Modbus 地址存在表 9-4 所示对应关系。

表 9-4 计数参数与 Modbus 地址对应关系

地址	计数参数
0××××	计数参数是要读取或写入的位数
1××××	计数参数是要读取的位数
3××××	计数参数是要读取的输入寄存器的字数
4××××	计数参数是要读取或写入的保持寄存器的字数

MBUS_MSG 指令最大读取或写入 120 个字或 1920 个位（240 字节的数据）。计数的实际限值还取决于 Modbus 从站中的限制。

DataPtr：DataPtr 参数是指向 S7–200 Smart CPU 的 V 存储器中与读取或写入请求相关的数据的间接地址指针（如 &VB100）。对于读取请求，DataPtr 应指向用于存储从 Modbus 从站读取的数据的第一个 CPU 存储器位置。对于写入请求，DataPtr 应指向要发送到 Modbus 从站的数据的第一个 CPU 存储器位置。

Done：完成输出。完成输出在发送请求和接收应答时关闭，在应答完成或 MBUS_MSG 指令因错误而中止时打开。

Error：错误输出，仅当完成输出打开时有效。低位编号的错误代码（1~8）表示 MBUS_MSG 指令检测到的错误。这些错误代码通常指示与 MBUS_MSG 指令的输入参数有关的问题，或接收来自从站的应答时出现的问题。奇偶校验和 CRC 错误指示存在应答但是数据未正确接收，这通常是由电气故障（例如连接有问题或者电噪声）引起的。高位编号的错误代码（从 101 开始）表示由 Modbus 从站返回的错误。这些错误指示从站不支持所请求的功能，或者所请求的地址（或数据类型或地址范围）不被 Modbus 从站支持。

9.1.3 分配库存储器

利用指令库编程前首先应为其分配存储区，否则软件编译时会报错。具体方法如下。执行 STEP7–Micro/Win Smart 命令；选择"程序块"→"库存储器"，如图 9-2 所示，打开"库存储器分配"对话框。

在"库存储器分配"对话框中输入库存储器的起始地址，注意避免该地址和程序中已经采用或准备采用的其他地址重合。点击"建议地址"按钮，系统将自动计算存储器的截止地址，然后点击"确定"按钮，如图 9-3 所示。

图 9-2 库存储器分配（1）

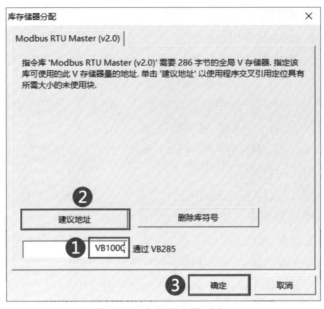

图 9-3 库存储器分配（2）

9.2 西门子 200 Smart PLC 与台达变频器的 Modbus 通信案例

9.2.1 西门子 S7-200 Smart 与 1 台台达变频器 Modbus 通信案例

1. 案例要求

西门子 S7–200 Smart PLC 通过 Modbus 通信控制台达变频器。I0.0 启动变频器正转，I0.1 启动变频器反转，I0.2 停止变频器。

2.PLC 程序 I/O 分配

PLC 程序 I/O 分配如表 9–5 所示。

表 9-5 I/O 分配

输入	功能
I0.0	变频器正转
I0.1	变频器反转
I0.2	变频器停止

3. 变频器参数设置

变频器参数设置参考第 4.3.1 小节的内容。

4. 西门子 S7-200 Smart PLC 与台达变频器的 Modbus 通信接线

1）台达变频器通信端口

台达变频器的通信端口如图 9-4 所示。

图 9-4 台达变频器的通信端口

在台达面板上的通信端口名称与功能如表 9-6 所示。

表 9-6 台达变频器的通信端口名称与功能

端子号	名称	功能
4-	SG-	RS485 信号 -
5+	SG+	RS485 信号 +

2）西门子 S7-200 Smart 通信端口

西门子 S7-200 Smart 通信端口名称与功能如表 9-7 所示。

表 9-7 西门子 S7-200 Smart 通信端口名称与功能

端子号	名称	功能
3	+	RS485 信号 +
8	-	RS485 信号 -

西门子 S7-200 Smart PLC 与台达变频器的 Modbus 通信端口接线如图 9-5 所示。

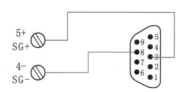

图 9-5 西门子 S7-200 Smart PLC 与台达变频器的 Modbus 通信端口接线

3）西门子 S7-200 Smart PLC 与台达变频器 Modbus 通信接线

西门子 S7-200 Smart PLC 与台达变频器 Modbus 通信接线如图 9-6 所示。

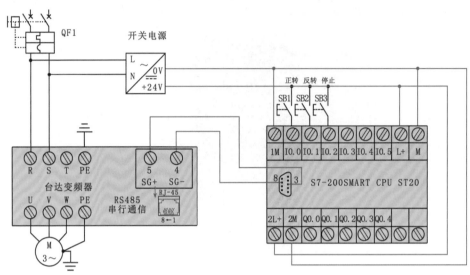

图 9-6 西门子 S7-200 Smart PLC 与台达变频器 Modbus 通信接线

4）西门子 S7-200 Smart PLC 与台达变频器 Modbus 通信实物接线

西门子 S7-200 Smart PLC 与台达变频器 Modbus 通信实物接线如图 9-7 所示。

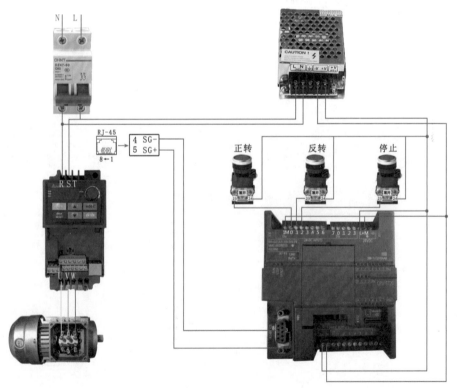

图 9-7 西门子 S7-200 Smart PLC 与台达变频器 Modbus 通信实物接线

5. 西门子 S7-200 Smart PLC 与台达变频器 Modbus 通信的程序

PLC 程序如图 9–8 所示。

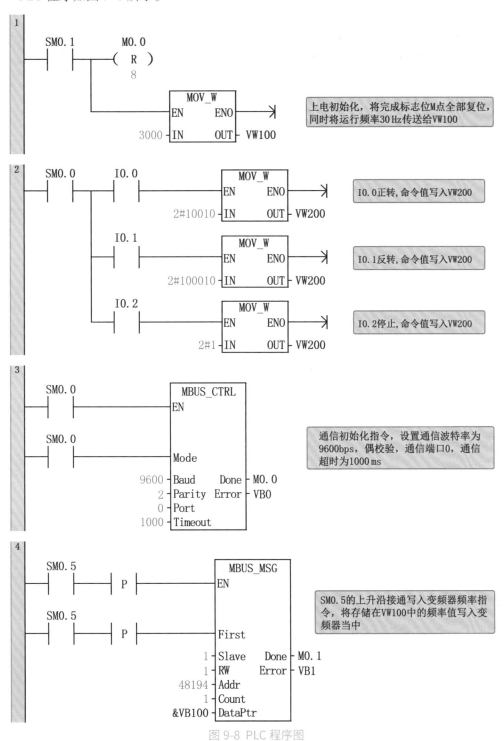

图 9-8 PLC 程序图

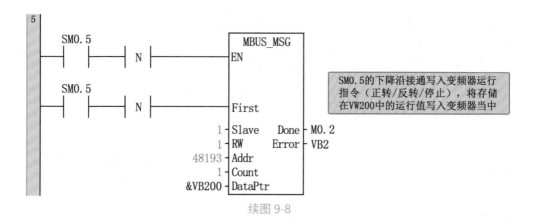

续图 9-8

9.2.2 西门子 200 Smart PLC 与 4 台台达变频器 Modbus 通信案例

1. 案例要求

西门子 200 Smart PLC 通过 Modbus 通信控制 4 台台达变频器。I0.0 启动 1 号从站变频器正转，I0.1 启动 1 号从站变频器反转，I0.2 停止 1 号从站变频器；I0.3 启动 2 号从站变频器正转，I0.4 启动 2 号从站变频器反转，I0.5 停止 2 号从站变频器；I0.6 启动 3 号从站变频器正转，I0.7 启动 3 号从站变频器反转，I1.0 停止 3 号从站变频器；I1.1 启动 4 号从站变频器正转，I1.2 启动 4 号从站变频器反转，I1.3 停止 4 号从站变频器。PLC 通过 Modbus 通信读取台达变频器当前电流和当前频率。

2.PLC 程序 I/O 分配

PLC 程序 I/O 分配如表 9-8 所示。

表 9-8 I/O 分配表

输入	功能
I0.0	1 号从站变频器正转
I0.1	1 号从站变频器反转
I0.2	1 号从站变频器停止
I0.3	2 号从站变频器正转
I0.4	2 号从站变频器反转
I0.5	2 号从站变频器停止
I0.6	3 号从站变频器正转
I0.7	3 号从站变频器反转
I1.0	3 号从站变频器停止
I1.1	4 号从站变频器正转
I1.2	4 号从站变频器反转
I1.3	4 号从站变频器停止

3. 从站变频器参数设置

变频器参数设置参考第 4.3.2 小节。

4. 西门子 S7-200 Smart PLC 与 4 台台达变频器 Modbus 通信接线

1）西门子 S7–200 Smart PLC 与 4 台台达变频器 Modbus 通信接线图

西门子 S7–200 Smart PLC 与 4 台台达变频器 Modbus 通信接线图如图 9–9 所示。

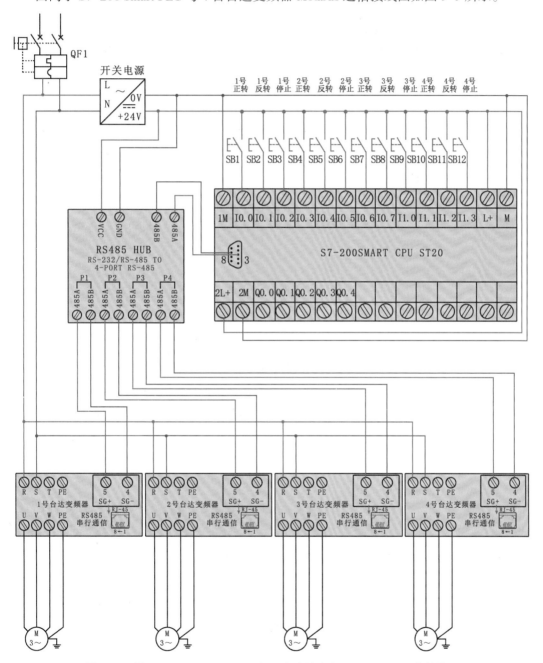

图 9-9 西门子 S7-200 Smart PLC 与 4 台台达变频器 Modbus 通信接线图

2）西门子 S7-200 Smart PLC 与 4 台台达变频器 Modbus 通信实物接线

西门子 S7-200 Smart PLC 与 4 台台达变频器 Modbus 通信实物接线如图 9-10 所示。

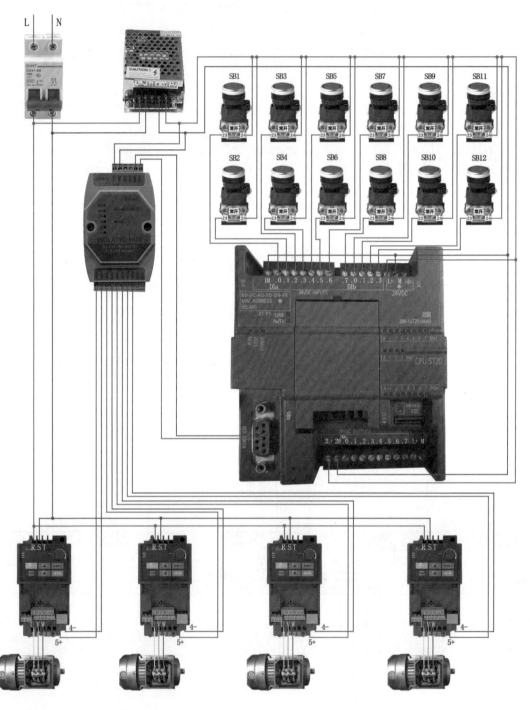

图 9-10 西门子 S7-200 Smart PLC 与 4 台台达变频器 Modbus 通信实物接线

5. 西门子 200 Smart 与 4 台台达变频器 Modbus 通信的 PLC 程序

PLC 程序如图 9-11 所示。

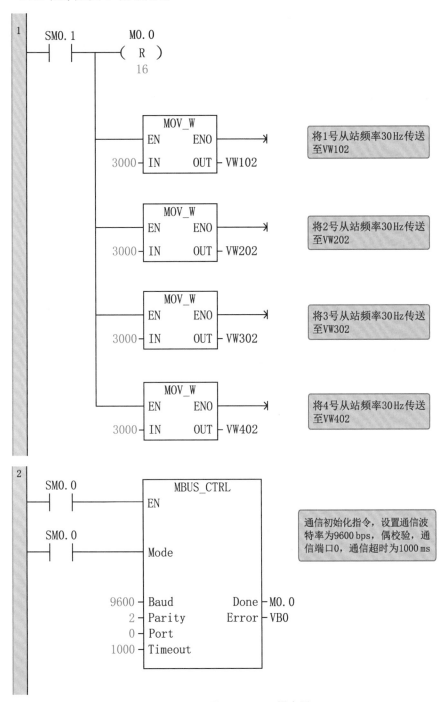

图 9-11 PLC 程序图

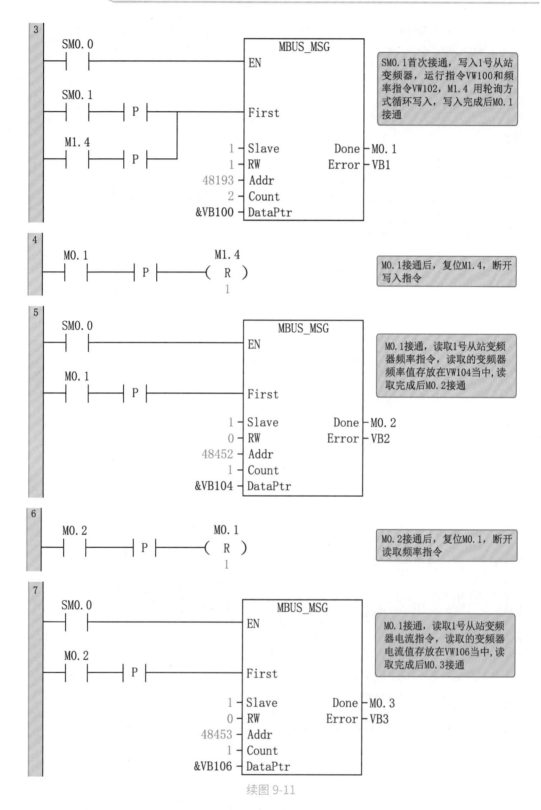

续图 9-11

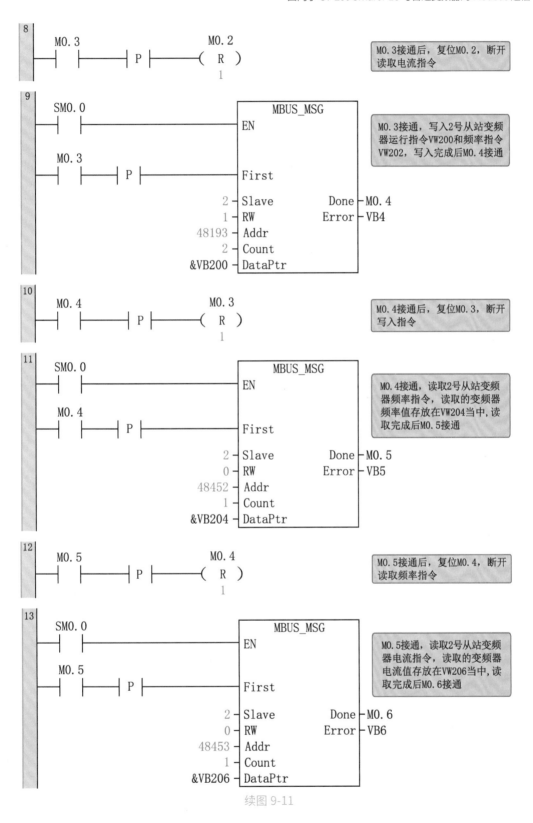

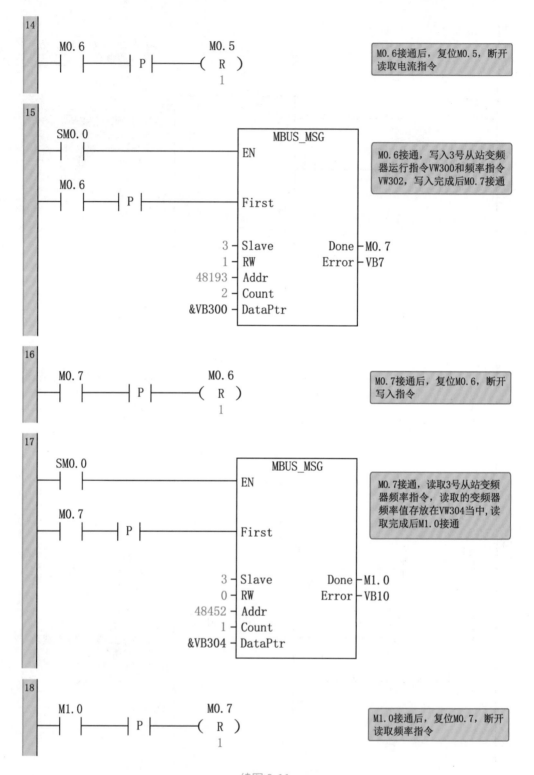

续图 9-11

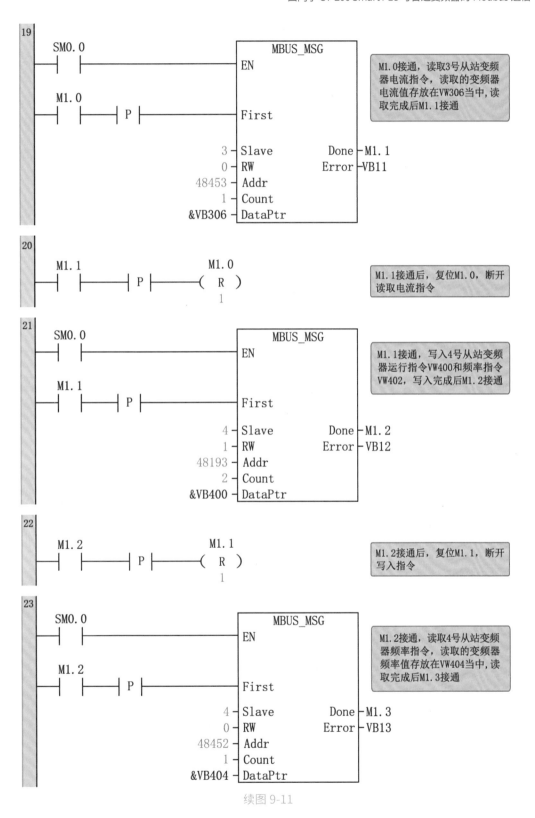

19　SM0.0

MBUS_MSG

EN

M1.0 ──| |──| P |──

First

3 ─ Slave　　　Done ─ M1.1
0 ─ RW　　　　 Error ─ VB11
48453 ─ Addr
1 ─ Count
&VB306 ─ DataPtr

M1.0接通，读取3号从站变频器电流指令，读取的变频器电流值存放在VW306当中，读取完成后M1.1接通

20　M1.1 ──| |──| P |── (R)
1

M1.0

M1.1接通后，复位M1.0，断开读取电流指令

21　SM0.0

MBUS_MSG

EN

M1.1 ──| |──| P |──

First

4 ─ Slave　　　Done ─ M1.2
1 ─ RW　　　　 Error ─ VB12
48193 ─ Addr
2 ─ Count
&VB400 ─ DataPtr

M1.1接通，写入4号从站变频器运行指令VW400和频率指令VW402，写入完成后M1.2接通

22　M1.2 ──| |──| P |── (R)
1

M1.1

M1.2接通后，复位M1.1，断开写入指令

23　SM0.0

MBUS_MSG

EN

M1.2 ──| |──| P |──

First

4 ─ Slave　　　Done ─ M1.3
0 ─ RW　　　　 Error ─ VB13
48452 ─ Addr
1 ─ Count
&VB404 ─ DataPtr

M1.2接通，读取4号从站变频器频率指令，读取的变频器频率值存放在VW404当中，读取完成后M1.3接通

续图 9-11

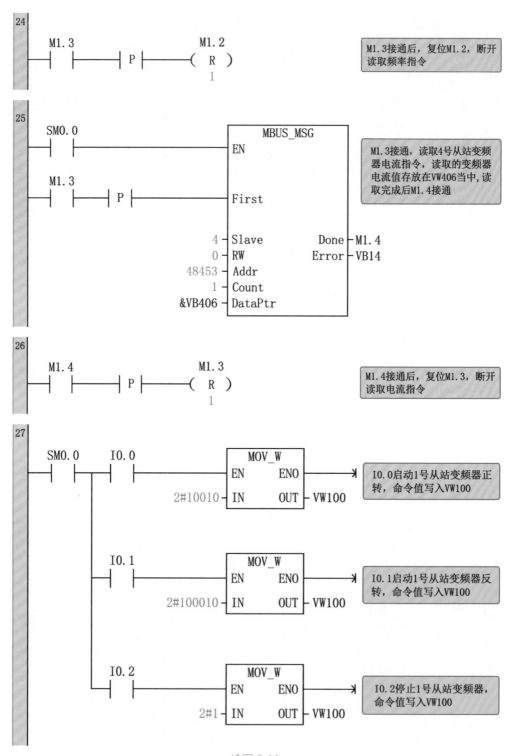

24

M1.3 ─┤ ├─ ┤P├ M1.2 ─(R)─ 1

> M1.3接通后，复位M1.2，断开读取频率指令

25

SM0.0 ─┤ ├─ EN

M1.3 ─┤ ├─ ┤P├ First

4 ─ Slave   Done ─ M1.4
0 ─ RW   Error ─ VB14
48453 ─ Addr
1 ─ Count
&VB406 ─ DataPtr

MBUS_MSG

> M1.3接通，读取4号从站变频器电流指令，读取的变频器电流值存放在VW406当中，读取完成后M1.4接通

26

M1.4 ─┤ ├─ ┤P├ M1.3 ─(R)─ 1

> M1.4接通后，复位M1.3，断开读取电流指令

27

SM0.0 ─┤ ├─ I0.0 ─┤ ├─

MOV_W
EN ENO
2#10010 ─ IN OUT ─ VW100

> I0.0启动1号从站变频器正转，命令值写入VW100

I0.1 ─┤ ├─

MOV_W
EN ENO
2#100010 ─ IN OUT ─ VW100

> I0.1启动1号从站变频器反转，命令值写入VW100

I0.2 ─┤ ├─

MOV_W
EN ENO
2#1 ─ IN OUT ─ VW100

> I0.2停止1号从站变频器，命令值写入VW100

续图 9-11

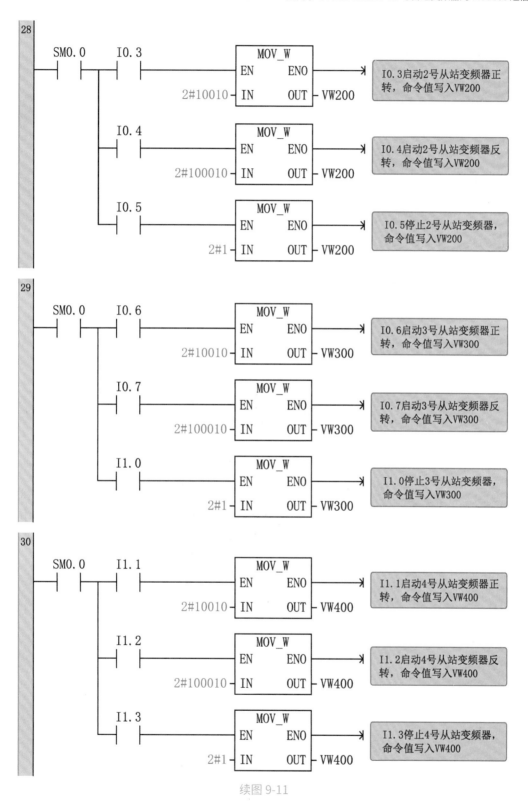

续图 9-11

第 10 章

西门子 S7-200 Smart PLC 与智能温度控制仪的 Modbus 通信

西门子 S7-200 Smart PLC 与智能温度控制仪的 Modbus 通信需要的设备如下。

1. 西门子 S7-200 Smart PLC

西门子 S7-200 Smart PLC 的 CPU 型号为 ST20，其外形如图 10-1 所示。

图 10-1 西门子 S7-200 Smart PLC

2. 温度传感器

需要的温度传感器的测量范围为 0~100℃，其外形如图 10-2 所示。

图 10-2 温度传感器

3. 智能温度控制仪

（1）可编程模块化输入，可支持热电偶、热电阻、电压、电流及二线制变送器输入；适用于温度、压力、流量、液位、湿度等多种物理量的测量与显示；测量精度高达 0.3 级。其面板如图 10-3 所示。

（2）采样周期：0.4 s。

（3）电源电压 100 ～ 240V AC/50 ～ 60Hz 或 24V DC/AC（±10%）。

（4）工作环境：环境温度 –10 ～ +60℃，环境湿度 < 90% RH，电磁兼容 IEC61000-4-4（电快速瞬变脉冲群），±4 kV/5 kHz；IEC61000-4-5（浪涌），4 kV，隔离耐压 ≥ 2300 V DC。

图 10-3 智能温度控制仪

4.RS485 通信线

RS485 通信线为 9 针通信端口，3 为正端，8 为负端，如图 10-4 所示。

图 10-4 RS485 通信线

10.2　实物接线

西门子 S7-200 Smart PLC 与智能温度控制仪 Modbus 通信实物接线如图 10-5 所示。

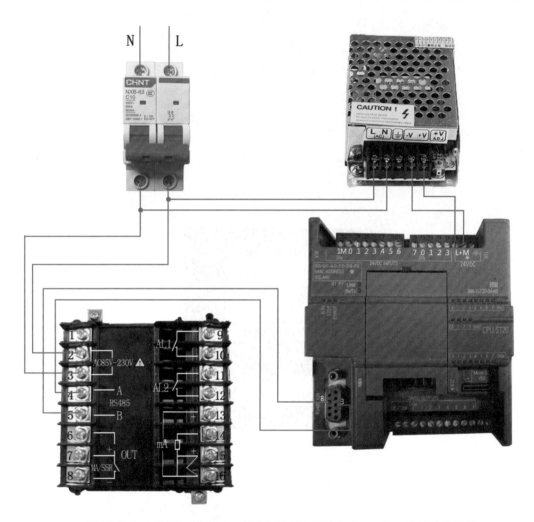

图 10-5 西门子 S7-200 Smart PLC 与智能温度控制仪 Modbus 通信实物接线

10.3 通信说明

1. 串口说明

与仪表通信及上位机通信的串口格式都默认为波特率 9600 bps、无校验、数据位 8 位、停止位 1 位。

2.Modbus-RTU（地址寄存器）说明

Modbus–RTU（地址寄存器）说明如表 10-1 所示。

表 10-1 Modbus-RTU（地址寄存器）说明

Modbus-RTU（地址寄存器）	符号	名称
0001	SP	设定值
0002	HIAL	上限报警
0003	LOAL	下限报警
0004	AHYS	上限报警回差
0005	ALYS	下限报警回差
0006	KP	比例带
0007	KI	积分时间
0008	KD	微分时间
0009	AT	自整定
0010	CT1	控制周期
0011	CHYS	主控回差
0012	SCb	误差修正
0014	DPt	小数点选择位
0015	P_SH	上限量程
0016	P_SL	下限量程
0021	ACT	正反转选择
0023	LOCK	密码锁
0024	INP	输入方式
4098	PV	实际测量值

3.PLC 读取温度

PLC 通过 Modbus 通信读取仪表的温度数值，仪表的实际测量值放到 Modbus 地址 4098 中存储。PLC 中 40001 ~ 49999 对应保持寄存器，4 代表 V 区，后面代表 Modbus 地址，即 PLC 中的 Modbus 地址为 44098。

4. 程序介绍

PLC 程序如图 10-6 所示。

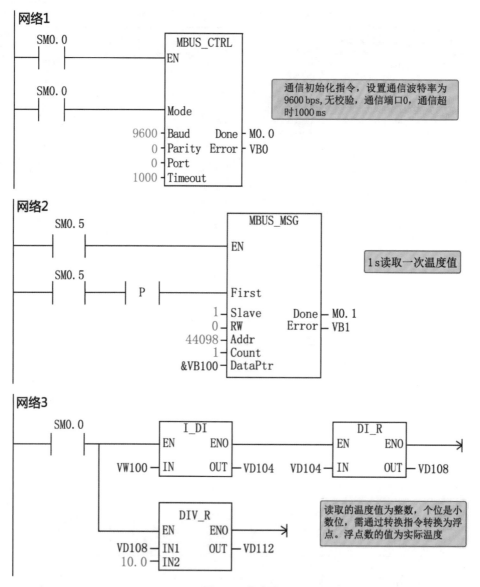

图 10-6 程序图

第11章

昆仑通态 TPC7072GT
与西门子 S7-200 Smart PLC 的通信

11.1　昆仑通态 TPC7072GT 硬件介绍

11.1.1　接口说明

昆仑通态 TPC7072GT 有两个 USB 端口，以及一个 DB9 的串口和一个以太网端口，如图 11-1 所示，接口说明如表 11-1 所示。

图 11-1 TPC7072GT 接口

表 11-1 TPC7072GT 接口说明

接口类型	说明
LAN（RJ45）	以太网通信
串口（DB9）	1XRS232，1XRS485
USB1	主口，USB2.0 兼容
USB2	从口，用于下载工程
电源接口	24V DC（±20%）

11.1.2　串口引脚定义

TPC7072GT 串口引脚定义如图 11-2 所示。

串口	PIN	引脚定义
COM1	2	RS232 RXD
	3	RS232 TXD
	5	GND
COM2	7	RS485+
	8	RS485-

图 11-2 TPC7072GT 接口引脚定义

11.2　昆仑通态 TPC7072GT 与 西门子 S7-200 Smart PLC 通信连接

本节主要介绍昆仑通态 TPC7072GT 与西门子 S7-200 Smart PLC 通信连接，昆仑通态 TPC7072GT 使用的组态软件为 McgsPro。

11.2.1　接线说明

昆仑通态 TPC7072GT 与西门子 S7-200 Smart PLC 通信二者的连接用以太网接口，如图 11-3 所示。

mcgsTpc　　　　　　网线　　　　　　西门子S7-200 Smart

图 11-3　昆仑通态 TPC7072GT 与西门子 S7-200 Smart PLC 通信接线

11.2.2　案例效果

本案例以添加"启动""停止"等按钮为例讲解昆仑通态 TPC7072GT 与西门子 S7-200 Smart PLC 组态，添加完成后的效果如图 11-4 所示。

图 11-4　案例效果

11.2.3 ⟶ 设备组态

1. 新建工程

选择对应产品型号，如图 11-5 所示，将工程另存为"西门子 _Smart 200"。

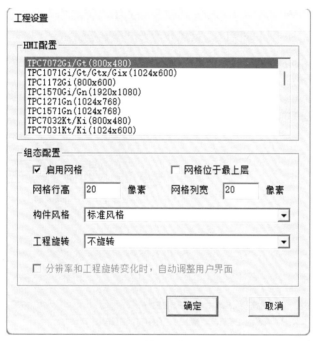

图 11-5 选择对应的型号

在工作台中激活设备窗口，双击图标 ，进入设备组态画面，点击工具栏中的图标，打开"设备工具箱"，如图 11-6 所示。

图 11-6 设备窗口 1

2. 建立通信

在"设备工具箱"中，按顺序先后双击"通用 TCP/IP 父设备"和"西门子 _Smart 200"，将其添加至设备组态画面。

1）添加"通用 TCP/IP 父设备"至设备窗口

在工具栏中选择![工具]，弹出"设备工具箱"，选择"通用 TCP/IP 父设备"，即可将"通用 TCP/IP 父设备"添加至设备窗口，具体步骤如图 11-7 所示。

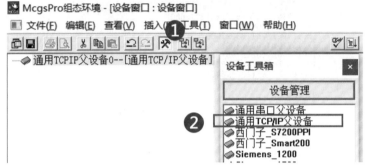

图 11-7 设备窗口 2

2）添加"西门子 _Smart200"至设备组态窗口

在"设备工具箱"中，双击"西门子 _Smart200"，如图 11-8 所示。

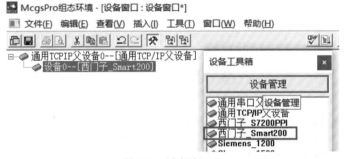

图 11-8 设备窗口 3

此时会弹出提示窗口，提示是否使用"西门子 _Smart200"驱动的默认通信参数设置 TCP/IP 父设备参数，如图 11-9 所示，选择"是"按钮。完成后，返回工作台。

图 11-9 提示窗口

3）设置 TPC7072GT 的 TCP/IP 地址以及关联远程 PLC 的 IP 地址

在设备窗口中双击"通用 TCP/IP 父设备 0--"，弹出如图 11-10 所示对话框。在"基本属性"页中，"本地 IP 地址"是分配给昆仑通态 TPC7072GT 的 IP 地址，"远程 IP 地址"是远程 PLC 的 IP 地址。

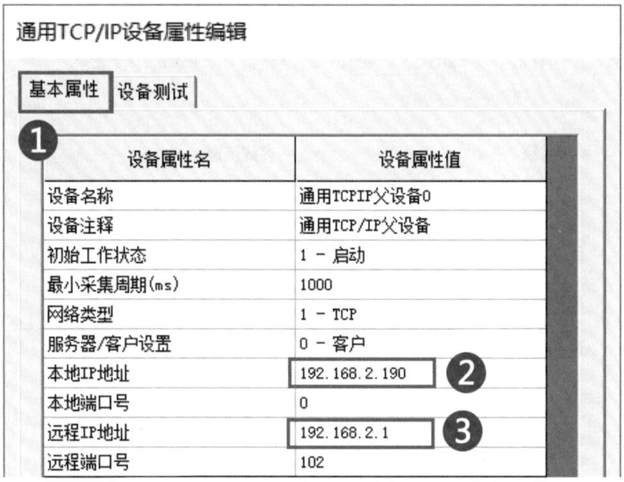

图 11-10 通用 TCP/IP 设备属性编辑

4）TPC7072GT IP 地址修改

TPC 上电后进入如图 11-11 所示界面，点击屏幕任意位置进入系统配置界面，如图 11-12 所示，否则直接启动系统工程。

图 11-11 TPC7072GT 启动界面

图 11-12 系统配置界面

点击"系统参数设置"按钮，系统首先判断是否已被设置密码。如果用户未设置密码，则直接进入系统参数设置界面。否则将要求用户输入密码。系统参数设置界面包括"系统""背光""蜂鸣""触摸""时间""网络"和"密码"共7个页面，如图11-13所示。

图 11-13 TPC 系统设置（1）

TPC 的网络设置分为 DHCP 和静态两种模式，默认为静态模式。

DHCP：在"网络"页中，勾选"启用动态 IP 地址分配模式"，开启动态分配 IP 功能。该功能开启后，TPC 将尝试连接路由器，此时 IP 将由路由器的 DHCP 服务器进行统一分配，该功能可避免出现同一网段中多台 TPC 的 IP 地址冲突问题。

静态：手动设置 IP、掩码、网关，如图11-14所示。在 IP 地址栏输入 TPC 的 IP 地址，这里的地址和软件中设置的 IP 地址一样。

图 11-14 TPC 系统设置（2）

11.2.4 窗口组态

在工作台中激活"用户窗口",再单击"新建窗口"按钮,建立新画面"窗口 1",如图 11-15 所示。

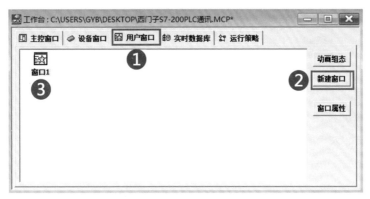

图 11-15 新建窗口

接下来右键点击"窗口 1",在弹出的快捷菜单中选择"属性"选项,弹出"用户窗口属性设置"对话框,在"基本属性"页中,将窗口名称修改为"西门子 200SMARTPLC 控制画面",点击"确认"按钮进行保存,如图 11-16 所示。

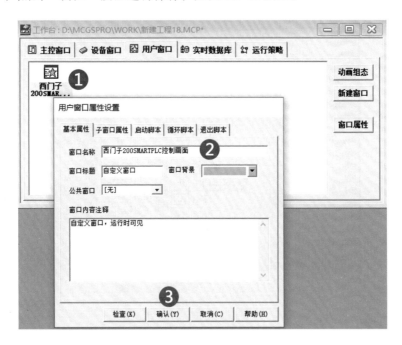

图 11-16 用户窗口属性设置

双击"西门子 200SMARTPLC 控制画面"图标,进入窗口编辑界面,点击 🛠 图标,打开工具箱,如图 11-17 所示。

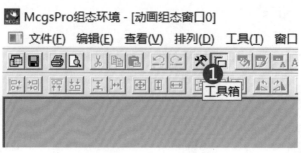

图 11-17 窗口编辑界面

1. 添加按钮

第一步, 添加按钮构件。单击工具箱中"标准按钮"构件, 在窗口编辑位置按住鼠标左键拖放出一定大小后, 松开鼠标左键, 这样, 一个按钮构件就绘制在窗口中, 操作步骤如图 11-18 所示。

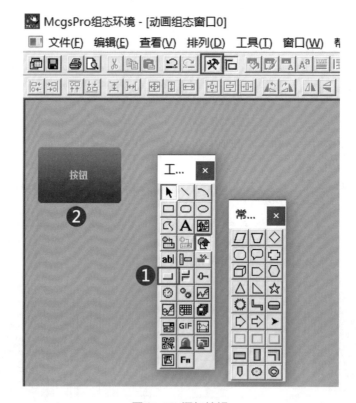

图 11-18 添加按钮

第二步, 修改按钮文本。双击已建立的按钮图标, 打开"标准按钮构件属性设置"对话框, 在"基本属性"页中的"文本"框中输入"启动", 点击"确认"按钮保存, 操作步骤如图 11-19 所示。

图 11-19 修改按钮文本

　　第三步，修改按钮颜色。按照图 11–20 所示的步骤来修改按钮文本颜色、边线颜色、填充颜色。

图 11-20 修改按钮颜色

第四步，修改按钮背景图片。在"基本属性"页中点击"图库"，如图 11-21 所示，弹出"元件图库管理"对话框。

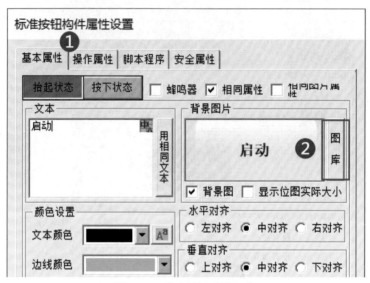

图 11-21 修改按钮背景图片

在"元件图库管理"对话框中，"图库类型"选择"背景图片"中的"操作类"，在"操作类"中选择"标准按钮_拟物_抬起"，最后点击"确定"按钮保存，操作步骤如图 11-22 所示。

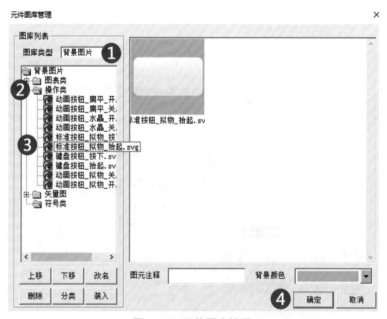

图 11-22 元件图库管理

按照以上步骤完成后的按钮如图 11-23 所示。大家也可以按照自己的喜好选择按钮的颜色和背景图片。

图 11-23 完成效果

第五步，添加"停止"按钮。其步骤与添加"启动"按钮一样。可以拷贝（Ctrl+C）"启动"按钮，再粘贴（Ctrl+V）到组态窗口，操作步骤如图 11–24 所示。

图 11-24 拷贝"启动"按钮

把"启动"文本修改为"停止"，再点击"确认"按钮，完成操作，操作步骤如图 11–25 所示。

图 11-25 修改按钮文本

按钮组态完成后的效果如图 11–26 所示。

图 11-26 按钮组态完成后的效果

2. 添加指示灯

第一步，插入元件。点击工具栏的 🛠，打开"工具箱"，在"工具箱"中选择"插入元件"，如图 11-27 所示。

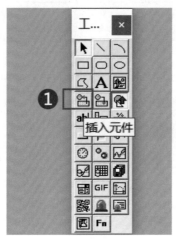

图 11-27 插入元件

第二步，选择指示灯背景图片。点击"插入元件"按钮，弹出"元件图库管理"对话框，在"图库类型"中选择"公共图库"，点击"指示灯"文件夹，选择"指示灯 3"，操作步骤如图 11-28 所示。

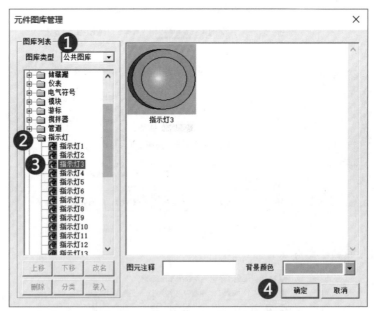

图 11-28 选择指示灯背景图片

按照以上步骤，完成后的指示灯如图 11-29 所示。大家也可以按照自己的喜好选择指示灯样式。

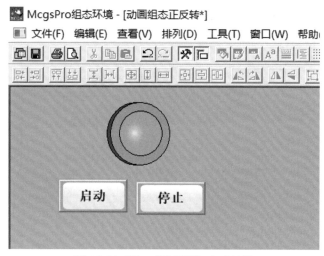

图 11-29 添加"指示灯"完成效果

3. 添加标签

第一步,插入标签。单击"工具箱"中的"标签"构件,在窗口按住鼠标左键,拖放出一定大小的标签,如图 11-30 所示。

图 11-30 插入标签

第二步,修改标签属性。双击该标签,弹出"标签动画组态属性设置"对话框,在"扩展属性"页中的"文本内容输入"中输入"运行指示",点击"确认"按钮,如图 11-31 所示。完成后的效果如图 11-32 所示。

图 11-31 修改标签属性

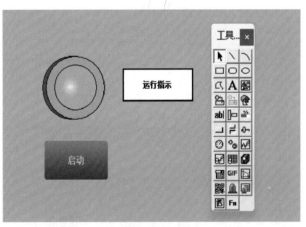

图 11-32 修改标签完成后的效果

11.3　昆仑通态 TPC7072GT 与 西门子 S7-200 Smart PLC 数据关联

11.3.1　设置"启动"按钮功能属性和数据关联

第一步，设置"启动"按钮抬起功能属性。双击"启动"按钮，弹出"标准按钮构件属性设置"对话框，在"操作属性"页，默认"抬起功能"按钮为按下状态，勾选"数据对象值操作"，选择"清 0"，操作步骤如图 11–33 所示。

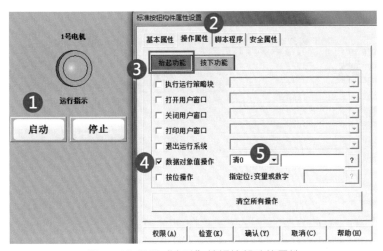

图 11-33 设置"启动"按钮抬起功能属性

第二步，设置"启动"按钮抬起功能的数据关联。点击变量选择"？"，如图 11-34 所示，进入变量选择页面。

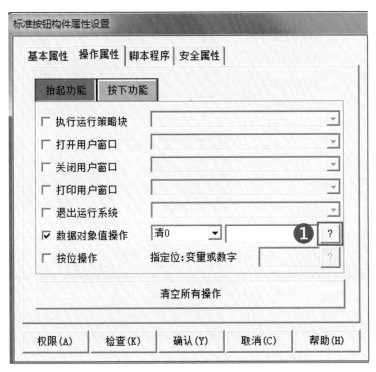

图 11-34 设置"启动"按钮抬起功能的数据关

第三步，选择"根据采集信息生成"，采集设备选择"设备 0[西门子 _Smart200]"，"通道类型"选择"M 内部继电器"，"数据类型"选择"通道的第 00 位"，"通道地址"设置为"0"，"读写类型"选择"读写"，设置完成后点击"确认"按钮，即在"启动"按钮抬起时，M0.0 为"0"，操作步骤如图 11-35 所示。

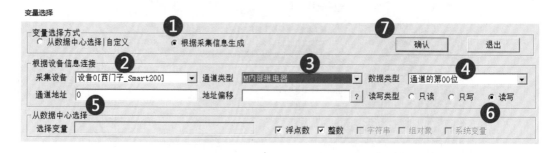

图 11-35 变量选择

设置完成后的"启动"按钮抬起功能属性如图 11–36 所示。

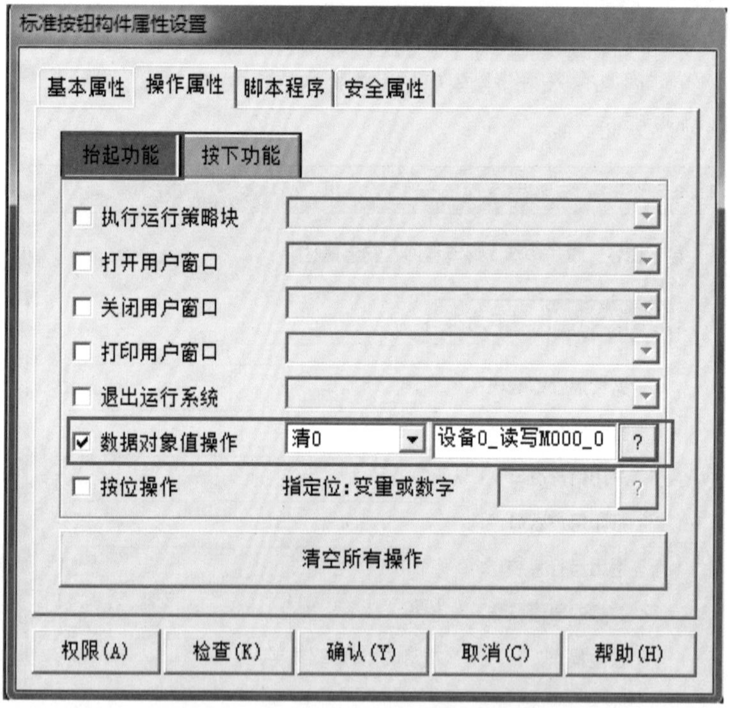

![标准按钮构件属性设置对话框]

图 11-36 "启动"按钮抬起功能属性

　　第四步，设置"启动"按钮按下功能属性。按照以上的方法，设置"启动"按钮按下功能属性。在"标准按钮构件属性设置"对话框中，勾选"数据对象值操作"，选择"置1"。点击变量选择"?"进入变量选择页面。选择"根据采集信息生成"，"采集设备"选择"设备0[西门子_Smart200]"，"通道类型"选择"M内部继电器"，"数据类型"选择"通道的第00位"，"通道地址"设置为"0"，"读写类型"选择"读写"，设置完成后点击"确认"按钮，即在"启动"按钮按下时，M0.0为"1"。操作完成后的结果如图 11–37 所示。

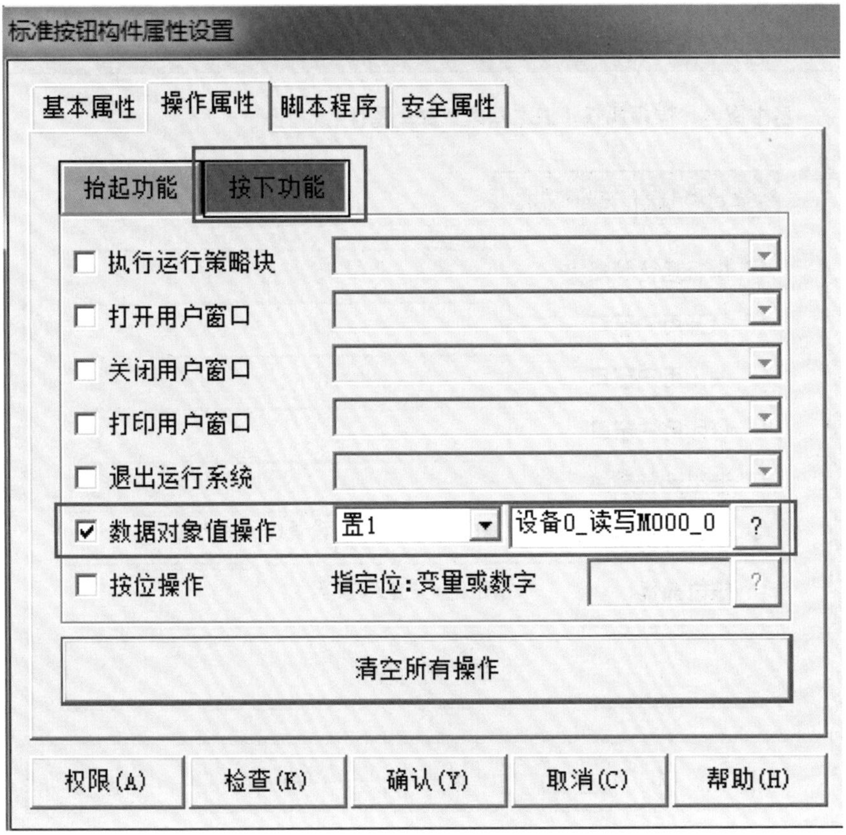

图 11-37 设置"启动"按钮按下功能属性

11.3.2 设置"停止"按钮功能属性和数据关联

第一步，设置"停止"按钮抬起功能属性和数据关联。按照"启动"按钮的操作方法，设置"停止"按钮抬起功能属性。在"标准按钮构件属性设置"对话框中，默认"抬起功能"按钮为按下状态，勾选"数据对象值操作"，选择"清 0"。点击变量选择"?"，进入变量选择页面。选择"根据采集信息生成"，采集设备选择"设备 0[西门子 _Smart200]"，通道类型选择"M 内部继电器"，"数据类型"选择"通道的第 01 位"，"通道地址"设置为"0"，"读写类型"选择"读写"，设置完成后点击"确认"按钮，操作完成后的结果如图 11-38 所示。

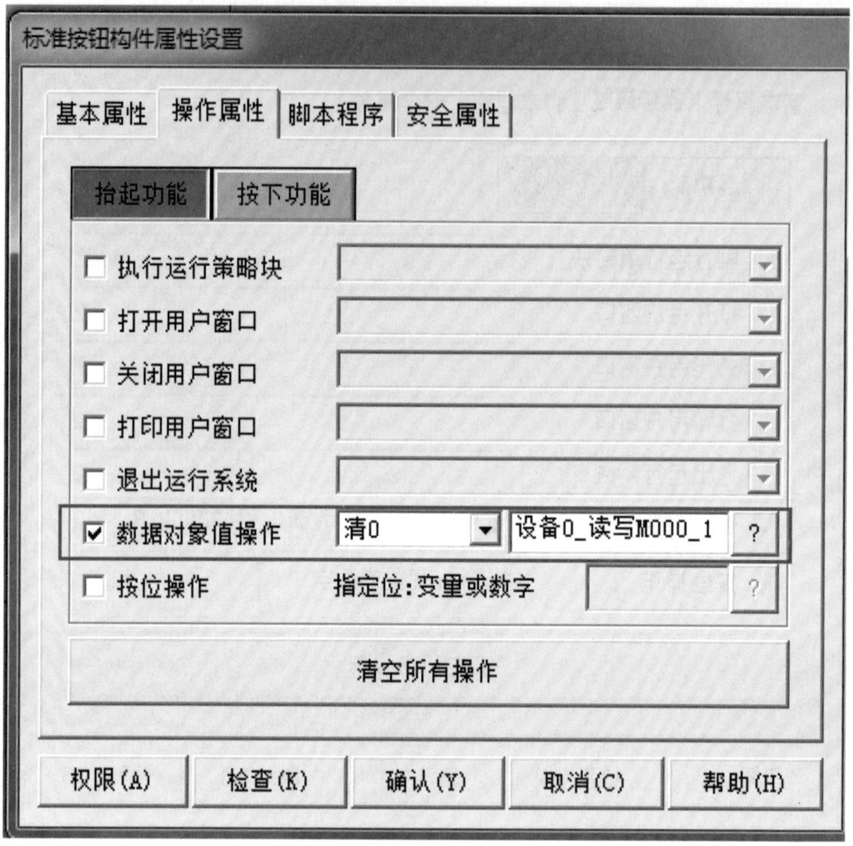

图 11-38 设置"停止"按钮抬起功能属性和数据关联

第二步，设置"停止"按钮按下功能数据关联。按照以上的方法，设置"启动"按钮"按下功能"属性，即勾选"数据对象值操作"，选择"置1"。点击变量选择"?"，进入变量选择页面。选择"根据采集信息生成"，采集设备选择"设备 0 [西门子 _Smart200]"，通道类型选择"M 内部继电器"，"数据类型"选择"通道的第 01 位"，"通道地址"设置为"0"，"读写类型"选择"读写"，设置完成后点击"确认"按钮，操作完成后的结果如图 11-39 所示。

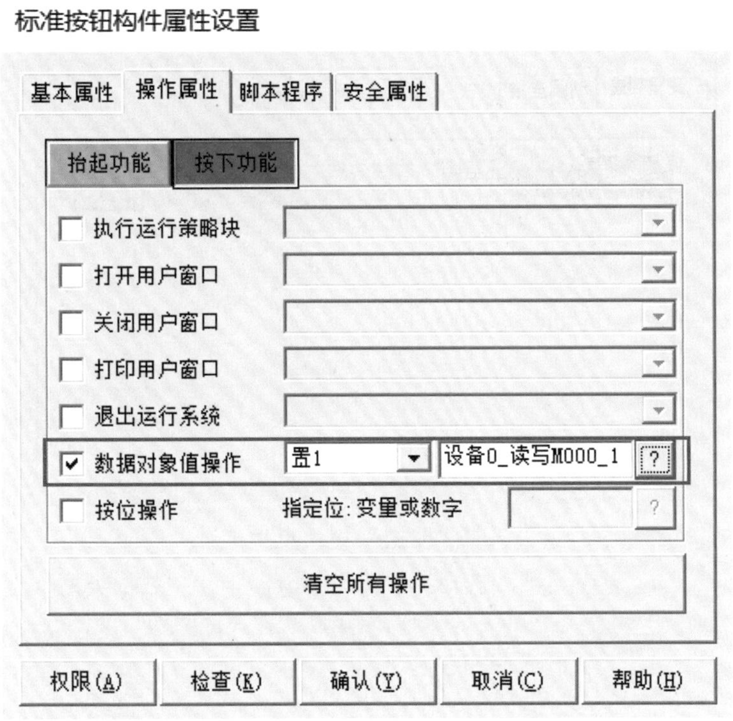

标准按钮构件属性设置

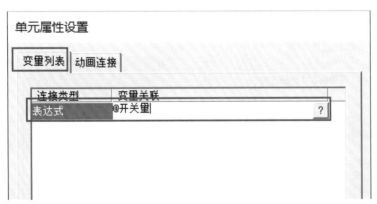

图 11-39 设置"停止"按钮按下功能属性和数据关联

11.3.3 设置"指示灯"按钮单元属性和数据关联

第一步，设置"指示灯"按钮单元属性。双击"指示灯"图标，弹出"单元属性设置"对话框，在"变量列表"页中，选择"表达式"项，如图 11-40 所示。

单元属性设置

变量列表 动画连接

连接类型	变量关联
表达式	@开关量 ?

图 11-40 设置"指示灯"按钮单元属性

第二步，设置指示灯单元的数据关联。如图 11-41 所示，点击变量选择"?"，进入"变量选择"窗口。

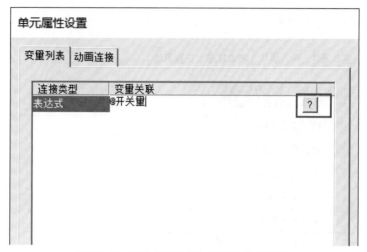

图 11-41 设置"指示灯"按钮的数据关联

第三步, 在"变量选择"窗口选择"根据采集信息生成", "采集设备"选择"设备 0 [西门子 _Smart200]", "通道类型"选择"Q 输出继电器", "数据类型"选择"通道的第00 位", "通道地址"设置为"0", "读写类型"选择"读写", 设置完成后点击"确认"按钮。具体步骤如图 11-42 所示。

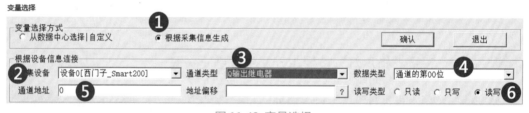

图 11-42 变量选择

设置完成后的结果如图 11-43 所示。

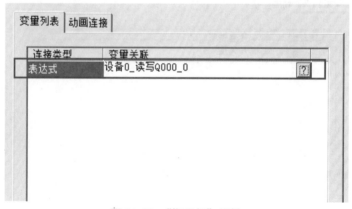

图 11-43 "指示灯"属性

11.4 工程下载

工程完成之后，就可以下载到昆仑通态 TPC 里面运行。这里我们选择使用 U 盘方式下载工程。

（1）将 U 盘插到电脑上。

（2）电脑识别 U 盘之后。点击工具栏中的下载按钮 ▤｜（或按 F5），打开"下载配置"窗口，"运行方式"点选"联机"点击"U 盘包制作"，如图 11-44 所示。

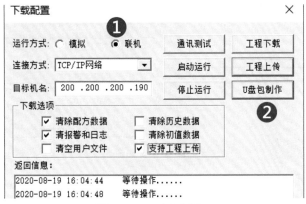

图 11-44 U 盘包制作 1

在弹出的"U 盘功能包内容选择对话框"中点击"选择"按钮来选择 U 盘路径，勾选"升级运行环境"，点击"确定"按钮，如图 11-45 所示，完成后会弹出如图 11-46 所示制作成功的提示窗口。

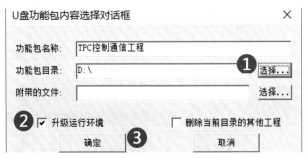

图 11-45 U 盘功能包内容选择

图 11-46 U 盘包制作

在昆仑通态 TPC 上插入 U 盘，出现"正在初始化 U 盘……"提示框，稍等片刻便会弹出是否继续的对话框，点击"是"按钮，弹出功能选择界面，点击"启动工程更新"按钮，如图 11-47 所示。

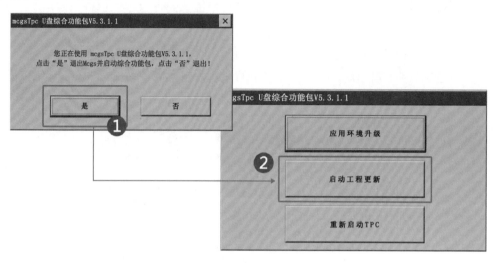

图 11-47 U 盘包制作

点击"启动工程更新"后，弹出"用户工程更新"对话框，点击"开始"→"开始下载"，进行工程更新，下载完成拔出 U 盘，TPC 会在 10 s 后自动重启，也可手动选择"重启 TPC"，如图 11-48 所示。重启之后，工程就成功更新到 TPC 中了。

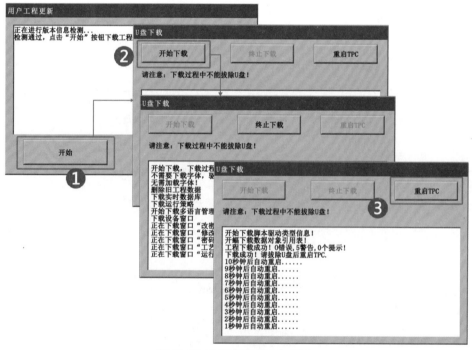

图 11-48 U 盘下载和重启 TPC

11.5 工程上传

工程完成之后，可把工程项目上传到 U 盘或者个人电脑进行备份。这里我们学习使用 U 盘方式上传工程。

McgsPro 组态支持上传组态工程，但必须确保 TPC 里的工程是可支持上传的，因此在下载工程时或在 U 盘包制作时必须勾选"支持工程上传"选项，这时，支持上传的功能才有效，如图 11-49 所示。

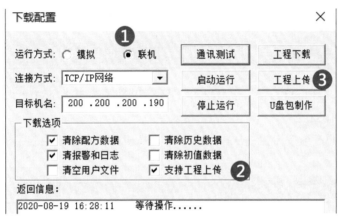

图 11-49 勾选支持工程上传设置

U 盘上传的步骤如下：PC 端组态软件在 U 盘中制作综合功能包→在 TPC 上插入 U 盘→弹出 U 盘功能包综合选择→点击"是"→弹出功能选择界面→确保"上传工程到 U 盘"按钮可用→点击"上传工程到 U 盘"→弹出 U 盘上传界面→点击"上传"按钮，开始上传工程。此时可以查看 U 盘在 \tpcbackup\ 目录下有一个 McgsTpcProject.mcp 的工程文件，即导出的工程文件，如图 11-50 所示。

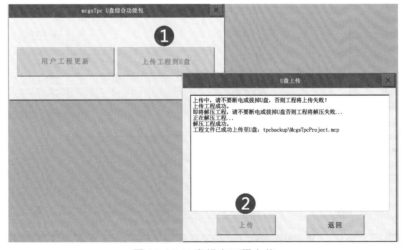

图 11-50 U 盘组态工程上传

第 12 章

西门子 S7−1200 PLC 的 S7 通信

12.1 两台西门子 S7-1200 PLC 的 S7 通信要求

设备：两台 S7−1200 PLC，一台做主机（分配 IP 地址为 192.168.0.1），一台做从机（分配 IP 地址为 192.168.0.2）。

要求：主机的 8 个按钮控制从机的 8 个灯，从机的 8 个按钮控制主机的 8 个灯。

12.2 两台西门子 S7-1200 PLC 的 S7 通信的操作步骤

主机组态好网络，并调用对应的子程序。而从机只要设置好 IP 地址即可，一般无须编程。步骤如下。

（1）在 TIA 博途软件项目视图的项目树中，双击"添加新设备"按钮，先添加 PLC_1 CPU 模块"CPU1214C"，并启用时钟存储器字节；再添加 PLC_2 CPU 模块"CPU1214C"，并启用时钟存储器字节，如图 12-1 所示。

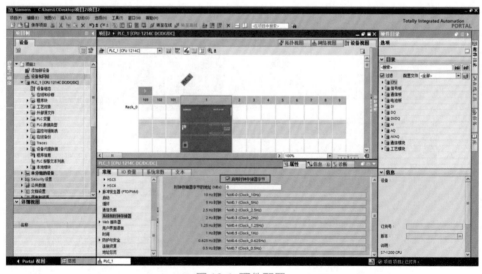

图 12-1 硬件配置

（2）先选中 PLC_1 的"设备视图"选项卡（标号①处），再选中 CPU1214C 模块绿色的 PN 接口（标号②处），选中"属性"（标号③处）选项卡，选中"以太网地址"（标号④处）选项，再设置 IP 地址（标号⑤处），如图 12-2 所示。

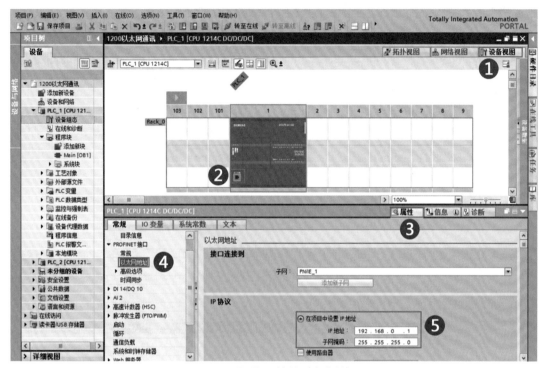

图 12-2 配置 IP 地址（客户端）

用同样的方法设置 PLC_2 的 IP 地址为 192.168.0.2。

（3）如图 12-3 所示，选中"网络视图"（①处）→"连接"（②处），再选择"S7 连接"（③处），用鼠标把 PLC_1 的 PN 口（④处）选中并按住不放，拖到 PLC_2 的 PN 口（⑤处）释放鼠标。

图 12-3 建立 S7 连接

（4）在 TIA 博途软件项目视图的项目树中，打开"PLC_1"的主程序块，选中"指令"→"S7 通信"，再将"PUT"和"GET"拖到主程序块，如图 12-4 所示。

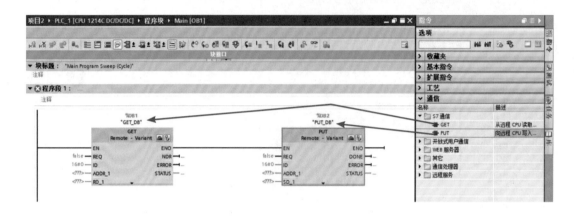

图 12-4 调用函数块 PUT 和 GET

（5）如图 12-5 所示，选中并单击①处图标，选择"组态"→"连接参数"。先选择伙伴为"PLC_2"，其余参数选择默认生成的参数，如图 12-6 所示。

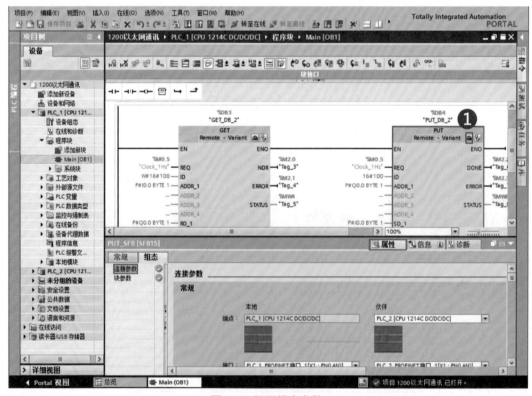

图 12-5 打开组态参数

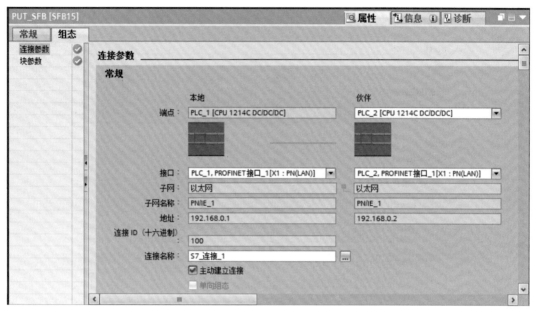

图 12-6 配置连接参数

（6）发送函数块 PUT 按照如图 12-7 所示配置参数。每一秒激活一次发送操作，每次将客户端 IB0 数据发送到伙伴站 QB0 中，接收函数块 GET 按照如图 12-8 所示配置参数。每一秒激活一次接收操作，每次将伙伴站 IB0 发送来的数据存储在客户端 QB0 中。

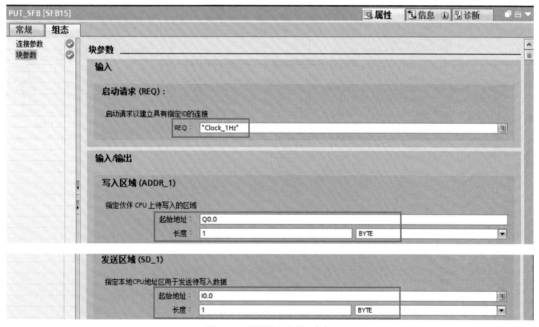

图 12-7 配置块参数（1）

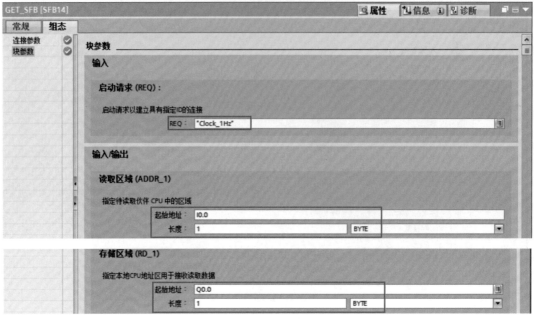

图 12-8 配置块参数（2）

（7）客户端的程序如图 12-9 所示，服务端无须编写程序。

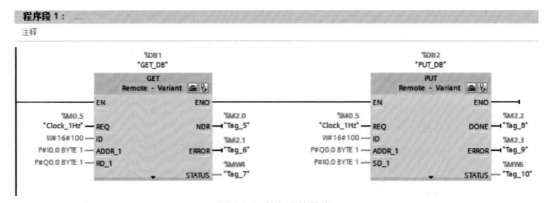

图 12-9 客户端的程序

第 13 章

西门子 S7-1200 PLC 与西门子 V20 变频器的 USS 通信

13.1 西门子 S7-1200 PLC 与西门子 V20 变频器的 USS 通信库指令

西门子 S7-1200 PLC 与西门子 V20 变频器的 USS 通信库指令如图 13-1 所示。

通信	
名称	**描述**
▶ ☐ S7 通信	
▶ ☐ 开放式用户通信	
▶ ☐ WEB 服务器	
▶ ☐ 其他	
▼ ☐ 通信处理器	
▶ ☐ PtP Communication	
▶ ☐ USS 通信	
▶ ☐ MODBUS（RTU）	
▶ ☐ 点到点	
▼ ☐ USS	
▆ USS_PORT	编辑通过 USS 网...
▆ USS_DRV	与驱动器交换数据
▆ USS_RPM	从驱动器读出参数
▆ USS_WPM	更改驱动器中的...
▶ ☐ MODBUS	
▶ ☐ GPRSComm：CP124...	
▶ ☐ 远程服务	

图 13-1 西门子 S7-1200 PLC 与西门子 V20 变频器的 USS 通信库指令

使用 USS 通信库指令必须注意：1200 PLC 无 RS485 串口，需要在硬件组态中插入通信模块，如图 13-2 所示。

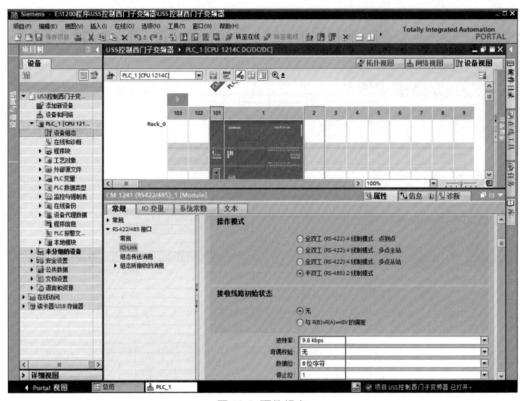

图 13-2 硬件组态

1. USS_PORT 指令

1）USS_PORT 指令参数

USS_PORT 指令参数说明如表 13-1 所示。

表 13-1 USS_PORT 指令参数说明

LAD	输入 / 输出	说明	数据类型
USS_PORT —EN END— —PORT ERROR— —BAUD STATUS— —USS_DB	EN	使能	BOOL
	PORT	通过哪个通信模块进行 USS 通信	PORT
	BAUD	通信波特率	DINT
	USS_DB	和变频器通信时的 USS 数据块	USS_BASE
	ERROR	输出是否错误：0 表示无错误；1 表示有错误	BOOL
	STATUS	扫描或初始化的状态	WORD

2）USS_PORT 指令详细介绍

EN：初始化程序。USS_PORT 只需在程序中执行一个周期就能改变通信口的功能，

以及进行其他一些必要的初始设置，因此要使用 OB35 循环中断组织块调用 USS_PORT
指令。

PORT：通信端口的硬件标识符，输入该参数时两次单击地址域的 <???>，再单击出
现的 按钮，选中列表中的 "Local ~ CM_1241（RS422_485）_1"，其值为 270。

BAUD：USS 通信波特率。此参数要和变频器的参数设置一致。

USS_DB：实参是函数块 USS_DRV 的背景数据块中的静态变量

ERROR：为 1 表示检测到错误，故障代码在参数 STATUS 中。

2. USS_DRV 指令

1）驱动器控制指令 USS_DRV 参数

USS_DRV 指令参数说明如表 13-2 所示。

表 13-2 USS_DRV 指令参数说明

LAD	输入 / 输出	说明	数据类型
	EN	使能	BOOL
	RUN	驱动器起始位：该输入为真时，将使驱动器以预设速度运行	BOOL
	OFF2	自由停车	BOOL
	OFF3	快速停车	BOOL
	F_ACK	变频器故障确认	BOOL
	DIR	变频器控制电机的转向	BOOL
	DRIVE	变频器的 USS 站地址	USINT
	PZD_LEN	PZD 字长	USINT
	SPEED_SP	变频器的速度设定值，用百分比表示	REAL
	CTRL3	控制字 3：写入驱动器上用户可组态参数的值，必须在驱动器上组态该参数	WORD
	CTRL8	控制字 8：写入驱动器上用户可组态参数的值，必须在驱动器上组态该参数	WORD
	NDR	新数据到达	BOOL
	ERROR	出现故障	BOOL
	STATUS	扫描或初始化的状态	WORD
	RUN-EN	运行状态，运行 =1，停止 =0	BOOL
	D-DIR	电机运转方向反馈，1 表示反向，0 表示正向	BOOL
	INHIBIT	变频器禁止位标志	BOOL
	FAULT	变频器故障	BOOL
	SPEED	变频器当前速度，用百分比表示	REAL
	STATUS1	驱动器状态字 1：该值包含驱动器的固定状态位	WORD
	STATUS8	驱动器状态字 8：该值包含驱动器的固定状态位	WORD

2）驱动器参数读取指令详细介绍

EN：使能，指令输入端必须为 1。

RUN：驱动装置的启动 / 停止控制，如表 13-3 所示。

表 13-3 驱动装置的启动 / 停止控制

状态	模式
0	停止
1	运行

OFF2：停车信号 2。此信号为 0 时，驱动装置将自由停车。

OFF3：停车信号 3。此信号为 0 时，驱动装置将封锁主回路输出，电机快速停车。

F_ACK：故障复位。在驱动装置发生故障后，将通过状态字向 USS 主站报告；如果造成故障的原因排除，可以使用此输入端清除驱动装置的报警状态，即复位。注意这是针对驱动装置的操作。

DIR：电机运转方向控制。其 0/1 状态决定了运行方向。

DRIVE：驱动装置在 USS 网络中的地址。从站必须先在初始化时激活才能进行控制。

PZD_LEN：PLC 与变频器通信的过程数据 PZD 的字数，采用默认值 2。

SPEED_SP：速度设定值。速度设定值必须是一个实数，给出的数值是变频器的频率范围百分比还是绝对的频率值取决于变频器中的参数设置（如 MM440 的 P2009）。

CTRL3~CTRL8：用户定义的控制字。

NDR：错误代码，0 为无差错。

ERROR：为 1 表示发生错误，参数 STATUS 有效，其他输出在出错时均为零。使用 USS_PORT 指令的参数 ERROR 和 STATUS 报告通信错误。

STATUS：指令执行的错误代码。

RUN_EN：运行模式反馈，表示驱动装置是运行（为 1）还是停止（为 0）。

D_DIR：指示驱动装置的运转方向，反馈信号。

INHIBIT：驱动装置禁止状态指示（0 为未禁止，1 为禁止状态）。禁止状态下驱动装置无法运行。要清除禁止状态，故障位必须复位，并且 RUN 为 0、OFF2 和 OFF3 为 1。

FAULT：故障指示位（0 为无故障，1 为有故障）。驱动装置处于故障状态，驱动装置上会显示故障代码（如果有显示装置）。要复位故障报警状态，必须先消除引起故障的原因，然后用 F_ACK 或者驱动器的端子或操作面板复位故障状态。

SPEED：实数 SPEED 是以组态的基准频率的百分数表示的变频器输出频率的实际值。

3. USS_RPM 指令

1）变频器参数读取指令 USS_RPM

USS_RPM 指令参数说明如表 13-4 所示。

表 13-4 USS-RPM 指令参数说明

LAD	输入 / 输出	说明	数据类型
	EN	使能	BOOL
	REQ	读取请求	BOOL
	DRIVE	变频器的 USS 站地址	USINT
USS_RPM	PARAM	读取参数号（0 ~ 2047）	UINT
EN — ENO REQ — DONE DRIVE — ERROR PARAM — STATUS INDEX — VALUE USS_DB	INDEX	参数索引（0 ~ 255）	UINT
	USS_DB	和变频器通信时的 USS 数据块	USS_BASE
	DONE	1 表示已经读入	BOOL
	ERROR	出现故障	BOOL
	STATUS	扫描或初始化的状态	WORD
	VALUE	读到的参数值	VARIANT

2）变频器参数读取指令详细介绍

EN：使能，此输入端必须为 1。

REQ：发送请求。必须使用一个沿检测触点以触发读操作，它前面的触发条件必须与 EN 端输入一致。

DRIVE：读取参数的驱动装置在 USS 网络中的地址。

PARAM：参数号（仅数字）。

INDEX：参数下标。有些参数由多个带下标的参数组成一个参数组，下标用来指出具体的某个参数。对于没有下标的参数，可设置为 0。

USS_DB：实参是函数块 USS_DRV 的背景数据块中的静态变量。

DONE：读取功能完成标志位，读取完成后置 1。

ERROR：为 1 状态表示检测到错误，并且参数 STATUS 提供的错误代码有效。

STATUS：指令执行的错误代码。

VALUE：读取的数据值。要指定一个单独的数据存储单元。

注：EN 和 REQ 的触发条件必须同时有效，EN 必须持续到读取功能完成（Done 为 1），否则会出错。

4. USS_WPM 指令

1）变频器参数写入指令 USS_WPM 参数

USS_WPM 指令参数说明如表 13-5 所示。

表 13-5 USS_WPM 指令参数说明

LAD	输入 / 输出	说明	数据类型
	EN	使能	BOOL
	REQ	发送请求	BOOL
	DRIVE	变频器的 USS 站地址	USINT
USS_WPM EN ENO REQ DONE DRIVE ERROR PARAM STATUS INDEX EEPROM VALUE USS_DB	PARAM	写入参数编号（0~2047）	UINT
	INDEX	参数索引（0~255）	UINT
	EEPROM	是否写入 EEPROM：1 表示写入； 0 表示不写入	BOOL
	VALUE	要写入的参数值	VARIANT
	USS_DB	和变频器通信时的 USS 数据块	USS_BASE
	DONE	1 表示已经写入	BOOL
	ERROR	出现故障	BOOL
	STATUS	扫描或初始化的状态	WORD

2）变频器参数写入指令参数详细介绍

EN：使能，此输入端必须为 1。

REQ：发送请求。必须使用一个沿检测触点以触发写操作，它前面的触发条件必须与 EN 端输入一致。

DRIVE：写入参数的驱动装置在 USS 网络中的地址。

PARAM：参数号（仅数字）。

INDEX：参数下标。有些参数由多个带下标的参数组成一个参数组，下标用来指出具体的某个参数。对于没有下标的参数，可设置为 0。

EEPROM：将参数写入 EEPROM 中，由于 EEPROM 的写入次数有限，若始终接通 EEPROM 很快就会损坏，通常该位用常数 1 让引脚一直接通。

VALUE：写入的数据值。要指定一个单独的数据存储单元。

USS_DB：实参是函数块 USS_DRV 的背景数据块中的静态变量。

DONE：写入功能完成标志位，写入完成后置 1。

ERROR：为 1 状态表示检测到错误，并且参数 STATUS 提供的错误代码有效。

STATUS：指令执行的错误代码。

注：EN 和 REQ 的触发条件必须同时有效，EN 必须持续到写入功能完成（Done 为 1），否则会出错。

13.2 西门子 S7-1200 PLC 与西门子 V20 变频器通信实操案例

13.2.1 西门子 S7-1200 PLC 与 1 台 V20 变频器 USS 通信案例

1. 案例要求

西门子 S7-1200 PLC 通过 USS 通信控制 V20 变频器。I0.0 启动变频器，I0.1 自由停车变频器，I0.2 立即停车变频器，I0.3 复位变频器故障，I0.4 控制正转变频器，I0.5 控制反转变频器。

2.PLC 程序 I/O 分配

I/O 分配如表 13-6 所示。

表 13-6 I/O 分配表

输入	功能
I0.0	启动
I0.1	自由停车
I0.2	立即停车
I0.3	故障复位
I0.4	正转
I0.5	反转

3. 西门子 V20 变频器的基本参数设置

变频器参数设置参考第 3.3.1 小节的内容。

4. 西门子 S7-1200 PLC 与西门子 V20 变频器 USS 通信的接线

1）西门子 V20 变频器通信端口

西门子 V20 变频器通信端口如图 13-3 所示。

图 13-3 西门子 V20 变频器通信端口示意图

与 USS 通信有关的前面板端子的名称与功能如表 13-7 所示。PROFIBUS 电缆的红色芯线应当压入端子 6；绿色芯线应当连接到端子 7。

表 13-7 西门子 V20 USS 通信端口的名称与功能

端子号	名称	功能
6	P+	RS485 信号 +
7	N–	RS485 信号 –

2）西门子 S7-1200 PLC 通信端口

西门子 S7-1200 PLC 通信端口的名称与功能如表 13-8 所示。

表 13-8 西门子 S7-1200 PLC 通信端口的名称与功能

端子号	名称	功能
3	+	RS485 信号 +
8	–	RS485 信号 –

西门子 S7-1200 PLC 与西门子 V20 变频器 USS 通信的端口接线如图 13-4 所示。

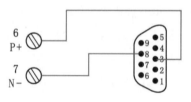

图 13-4 西门子 S7-1200 PLC 与西门子 V20 变频器 USS 通信的端口接线

3）西门子 S7-1200 PLC 与西门子 V20 变频器 USS 通信接线

西门子 S7-1200 PLC 与西门子 V20 变频器 USS 通信接线如图 13-5 所示。

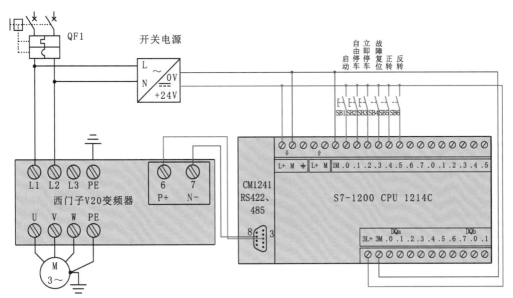

图 13-5 西门子 S7-1200 PLC 与西门子 V20 变频器 USS 通信接线

4）西门子 S7-1200 PLC 与西门子 V20 变频器 USS 通信实物接线

西门子 S7-1200 PLC 与西门子 V20 变频器 USS 通信实物接线如图 13-6 所示。

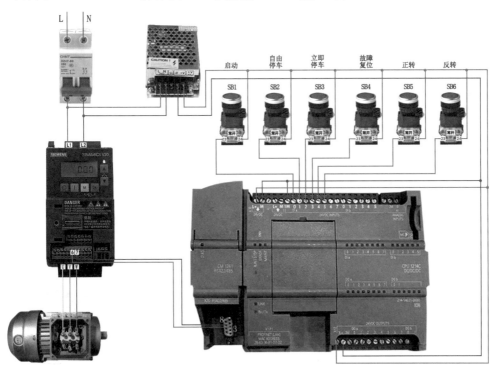

图 13-6 西门子 S7-1200 PLC 与西门子 V20 变频器 USS 通信实物接线

5. 西门子 S7-1200 PLC 与西门子 V20 变频器 USS 通信的程序图

PLC 程序如图 13-7 所示。

OB30 程序：

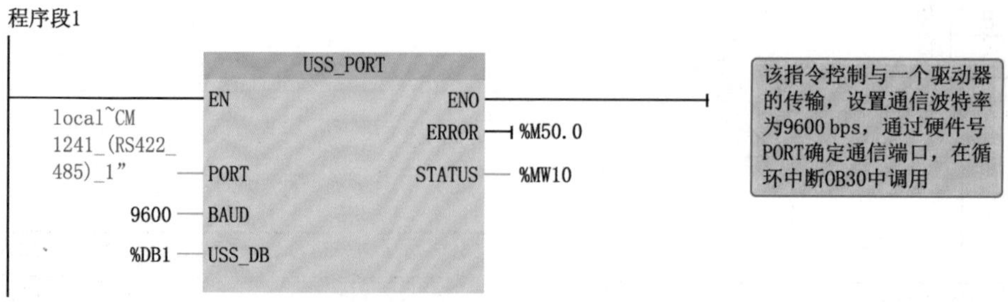

程序段1

USS_PORT

EN　　　　　　　ENO
　　　　　　　ERROR ── %M50.0
local~CM
1241_(RS422_　　　STATUS ── %MW10
485)_1" ── PORT

9600 ── BAUD

%DB1 ── USS_DB

> 该指令控制与一个驱动器的传输，设置通信波特率为9600 bps，通过硬件号PORT确定通信端口，在循环中断OB30中调用

OB1 主程序：

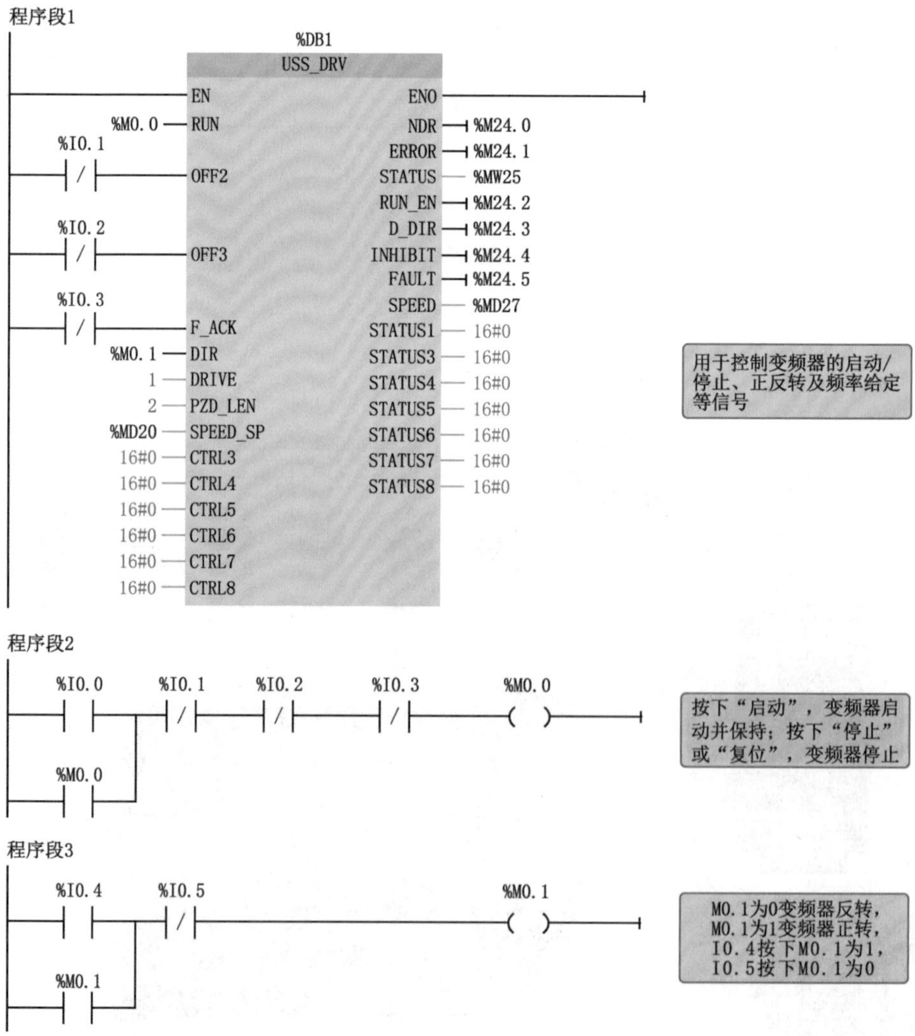

程序段1

%DB1

USS_DRV

　　　　　　　　EN　　　　　　　　ENO
%M0.0 ── RUN　　　　　　　NDR ── %M24.0
%I0.1 ──| / |── OFF2　　　ERROR ── %M24.1
　　　　　　　　　　　STATUS ── %MW25
　　　　　　　　　　　RUN_EN ── %M24.2
%I0.2 ──| / |── OFF3　　　D_DIR ── %M24.3
　　　　　　　　　　　INHIBIT ── %M24.4
　　　　　　　　　　　FAULT ── %M24.5
%I0.3 ──| / |── F_ACK　　SPEED ── %MD27
%M0.1 ── DIR　　　　STATUS1 ── 16#0
1 ── DRIVE　　　　STATUS3 ── 16#0
2 ── PZD_LEN　　STATUS4 ── 16#0
%MD20 ── SPEED_SP　STATUS5 ── 16#0
16#0 ── CTRL3　　STATUS6 ── 16#0
16#0 ── CTRL4　　STATUS7 ── 16#0
16#0 ── CTRL5　　STATUS8 ── 16#0
16#0 ── CTRL6
16#0 ── CTRL7
16#0 ── CTRL8

> 用于控制变频器的启动/停止、正反转及频率给定等信号

程序段2

%I0.0　　%I0.1　　%I0.2　　%I0.3　　　　　%M0.0
──| |──| / |──| / |──| / |─────────( )──
%M0.0
──| |──

> 按下"启动"，变频器启动并保持；按下"停止"或"复位"，变频器停止

程序段3

%I0.4　　%I0.5　　　　　　　　　%M0.1
──| |──| / |─────────────────( )──
%M0.1
──| |──

> M0.1为0变频器反转，M0.1为1变频器正转，I0.4按下M0.1为1，I0.5按下M0.1为0

图 13-7 PLC 程序

13.2.2 ━ 西门子 S7-1200 PLC 与 4 台 V20 变频器 USS 通信案例

1. 案例要求

西门子 S7–1200 PLC 通过 USS 通信控制 4 台西门子 V20 变频器。PLC 中 I0.0 启动从站 1 变频器，I0.1 自由停车从站 1 变频器，I0.2 立即停车从站 1 变频器，I0.3 复位从站 1 变频器故障，I0.4 控制从站 1 变频器正转，I0.5 控制从站 1 变频器反转；PLC 中 I0.6 启动从站 2 变频器，I0.7 自由停车从站 2 变频器，I1.0 立即停车从站 2 变频器，I1.1 复位从站 2 变频器故障，I1.2 控制从站 2 变频器正转，I1.3 控制从站 2 变频器反转；PLC 中 I1.4 启动从站 3 变频器，I1.5 自由停车从站 3 变频器，I2.0 立即停车从站 3 变频器，I2.1 复位从站 3 变频器故障，I2.2 控制从站 3 变频器正转，I2.3 控制从站 3 变频器反转；PLC 中 I2.4 启动从站 4 变频器，I2.5 自由停车从站 4 变频器，I2.6 立即停车从站 4 变频器，I2.7 复位从站 4 变频器故障，I3.0 控制从站 4 变频器正转，I3.1 控制从站 4 变频器反转。

2.PLC 程序 I/O 分配

I/O 分配如表 13–9 所示。

表 13-9 I/O 分配表

输入	功能	输入	功能
I0.0	从站 1 启动	I1.4	从站 3 启动
I0.1	从站 1 自由停车	I1.5	从站 3 自由停车
I0.2	从站 1 立即停车	I2.0	从站 3 立即停车
I0.3	从站 1 故障复位	I2.1	从站 3 故障复位
I0.4	从站 1 正转	I2.2	从站 3 正转
I0.5	从站 1 反转	I2.3	从站 3 反转
I0.6	从站 2 启动	I2.4	从站 4 启动
I0.7	从站 2 自由停车	I2.5	从站 4 自由停车
I1.0	从站 2 立即停车	I2.6	从站 4 立即停车
I1.1	从站 2 故障复位	I2.7	从站 4 故障复位
I1.2	从站 2 正转	I3.0	从站 4 正转
I1.3	从站 2 反转	I3.1	从站 4 反转

3.V20 变频器做 USS 通信基本参数设置

变频器参数设置参考第 3.3.2 小节的内容。

4. 西门子 S7-1200 PLC 与西门子 V20 变频器 USS 通信接线

1）西门子 V20 变频器通信端口

西门子 V20 变频器通信端口如图 13-8 所示。

图 13-8 西门子 V20 变频器通信端口

与 USS 通信有关的前面板端口说明如表 13-10 所示。PROFIBUS 电缆的红色芯线应当压入端子 6；绿色芯线应当连接到端子 7。

表 13-10 西门子 V20 变频器 USS 通信端口说明

端子号	名称	功能
6	P+	RS485 信号 +
7	N–	RS485 信号 –

2）西门子 S7-1200 PLC 通信端口

西门子 S7-1200 PLC 通信端口说明如表 13-11 所示。

表 13-11 西门子 S7-1200 PLC 通信端口说明

端子号	名称	功能
3	+	RS485 信号 +
8	–	RS485 信号 –

西门子 S7-1200 PLC 与西门子 V20 变频器 USS 通信端口接线如图 13-9 所示。

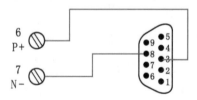

图 13-9 西门子 S7-1200 PLC 与西门子 V20 变频器 USS 通信端口接线示意图

3）西门子 S7-1200 PLC 与 4 台西门子 V20 变频器 USS 通信接线

西门子 S7-1200 PLC 与 4 台西门子 V20 变频器 USS 通信接线如图 13-10 所示。

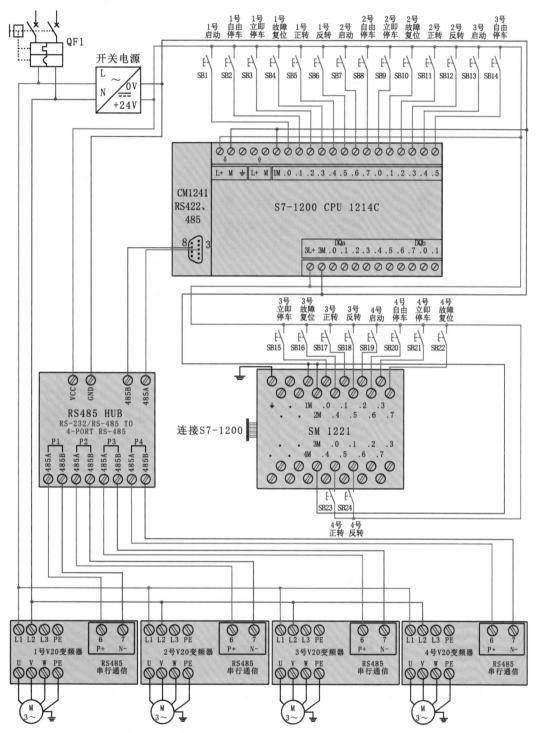

图 13-10 西门子 S7-1200 PLC 与 4 台 V20 变频器通信接线

4）西门子 S7-1200 PLC 与 4 台西门子 V20 变频器 USS 通信实物接线

西门子 S7-1200 PLC 与 4 台西门子 V20 变频器 USS 通信实物接线如图 13-11 所示。

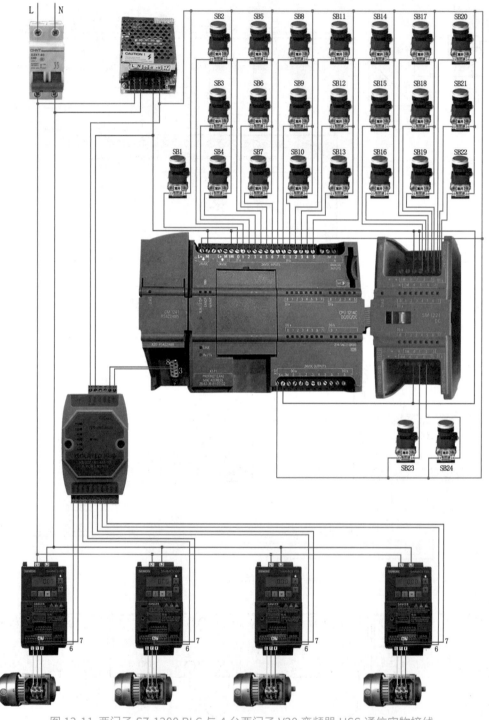

图 13-11 西门子 S7-1200 PLC 与 4 台西门子 V20 变频器 USS 通信实物接线

5. 西门子 S7-1200 PLC 与 4 台西门子 V20 变频器 USS 通信程序图

PLC 程序如图 13-12 所示。

OB30 程序：

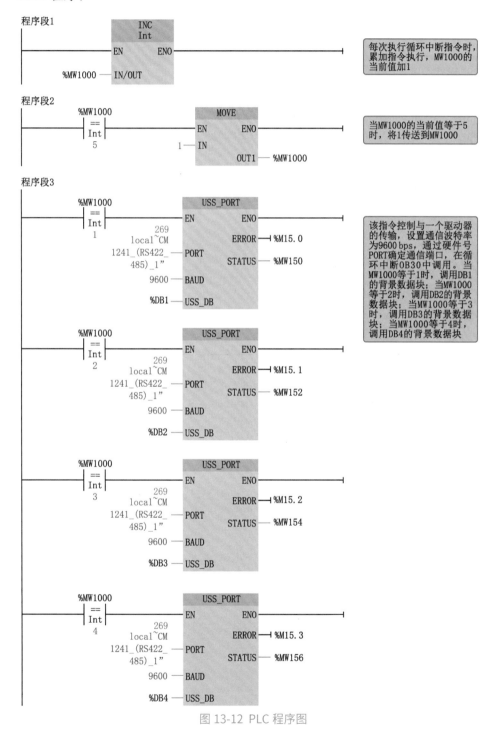

图 13-12 PLC 程序图

OB1 主程序：

程序段1

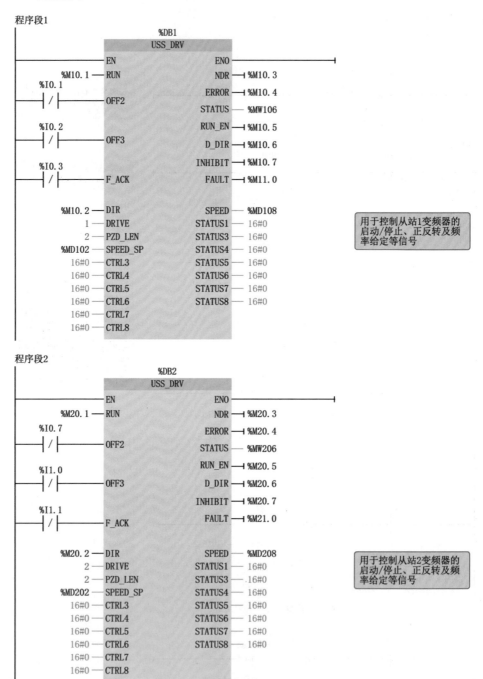

用于控制从站1变频器的
启动/停止、正反转及频
率给定等信号

程序段2

用于控制从站2变频器的
启动/停止、正反转及频
率给定等信号

续图 13-12

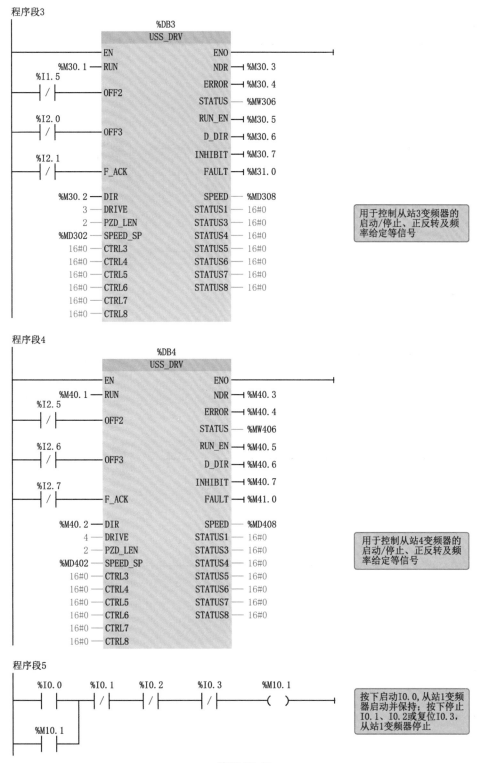

程序段3

用于控制从站3变频器的
启动/停止、正反转及频
率给定等信号

程序段4

用于控制从站4变频器的
启动/停止、正反转及频
率给定等信号

程序段5

按下启动I0.0,从站1变频
器启动并保持；按下停止
I0.1、I0.2或复位I0.3,
从站1变频器停止

续图 13-12

· 187 ·

程序段6

```
     %I0.4   %I0.5                              %M10.2
  ─────┤├──┬──┤/├──────────────────────────────( )─────
     %M10.2 │
  ─────┤├───┘
```

M10.2为1时，从站1变频器正转；M10.2为0时，从站1变频器反转

程序段7

```
     %I0.6   %I0.7   %I1.0   %I1.1              %M20.1
  ─────┤├──┬──┤/├────┤/├─────┤/├───────────────( )─────
     %M20.1 │
  ─────┤├───┘
```

按下启动I0.6，从站2变频器启动并保持；按下停止I0.7、I1.0或复位I1.1，从站2变频器停止

程序段8

```
     %I1.2   %I1.3                              %M20.2
  ─────┤├──┬──┤/├──────────────────────────────( )─────
     %M20.2 │
  ─────┤├───┘
```

M20.2为1时，从站2变频器正转；M20.2为0时，从站2变频器反转

程序段9

```
     %I1.4   %I1.5   %I2.0   %I2.1              %M30.1
  ─────┤├──┬──┤/├────┤/├─────┤/├───────────────( )─────
     %M30.1 │
  ─────┤├───┘
```

按下启动I1.4，从站3变频器启动并保持；按下停止I1.5、I2.0或复位I2.1，从站3变频器停止

程序段10

```
     %I2.2   %I2.3                              %M30.2
  ─────┤├──┬──┤/├──────────────────────────────( )─────
     %M30.2 │
  ─────┤├───┘
```

M30.2为1时，从站3变频器正转；M30.2为0时，从站3变频器反转

程序段11

```
     %I2.4   %I2.5   %I2.6   %I2.7              %M40.1
  ─────┤├──┬──┤/├────┤/├─────┤/├───────────────( )─────
     %M40.1 │
  ─────┤├───┘
```

按下启动I2.4，从站4变频器启动并保持；按下停止I2.5、I2.6或复位I2.7，从站4变频器停止

程序段12

```
     %I3.0   %I3.1                              %M40.2
  ─────┤├──┬──┤/├──────────────────────────────( )─────
     %M40.2 │
  ─────┤├───┘
```

M40.2为1时，从站4变频器正转；M40.2为0时，从站4变频器反转

续图 13-12

第 14 章

西门子 S7-1200 PLC 与台达变频器的 Modbus 通信

14.1　西门子 S7-1200 PLC 的 Modbus 通信基础知识

14.1.1　Modbus 指令库

Modbus 指令库包括主站指令库和从站指令库，如图 14-1 所示。

通信		
名称	描述	...
▶ 🗀 S7 通信		V...
▶ 🗀 开放式用户通信		V...
▶ 🗀 WEB 服务器		V...
▶ 🗀 其它		
▼ 🗀 通信处理器		
▶ 🗀 PtP Communication		V...
▶ 🗀 USS 通信		V...
▶ 🗀 MODBUS（RTU）		V...
▶ 🗀 点到点		V...
▶ 🗀 USS		V...
▼ 🗀 MODBUS		V...
🔧 MB_COMM_LOAD	在 PtP 模块上为 Modbus RTU 组态...	V...
🔧 MB_MASTER	通过 PtP 端口作为 Modbus 主站...	V...
🔧 MB_SLAVE	通过 PtP 端口作为 Modbus 从站...	V...
▶ 🗀 GPRSComm：CP124...		V...
▶ 🗀 远程服务		V...

> 选件包

图 14-1 Modbus 指令库

使用 Modbus 指令库必须注意：西门子 S7-1200 PLC 无 RS485 串口，需单独购买，在硬件组态中插入通信模块后（见图 14-2），端口 ID 就会显示在 PORT 框连接的下拉列表中，故可利用 Modbus 指令来实现端口 ID 的 Modbus 主 / 从站通信。

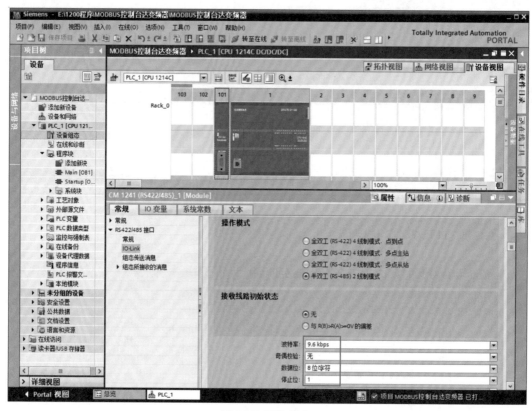

图 14-2 硬件组态

14.1.2　Modbus 指令介绍

在编程前先让我们认识一下要运用到的指令，西门子 Modbus 协议文件夹主要包括三条指令：MB_COMM_LOAD 指令、MB_MASTER 指令和 MB_SLAVE 指令。

必须在初始化组织块 OB100 中，对每个通信模块调用一次 MODBUS_COMM_LOAD 指令组态它的通信接口。执行该指令之后，就可以调用 MODBUS_MASTER 或 MODBUS_SLAVE 指令进行通信了。只有在需要修改参数时，才再次调用该指令。

1.MB_COMM_LOAD 指令

1）MB_COMM_LOAD 指令参数

MB_COMM_LOAD 指令参数说明如表 14-1 所示。

表 14-1 MB_COMM_LOAD 指令参数说明

LAD	输入 / 输出	说明	数据类型
	EN	使能	BOOL
	REQ	上升沿时信号启动操作	BOOL
MB_COMM_LOAD	PORT	硬件标识符	PORT
EN — ENO —	BAUD	波特率	UDINT
REQ — DONE —	PARITY	0：无奇偶校验；1：奇校验；2：偶校验	UINT
PORT — ERROR —	MB_DB	对 MODBUS_MASTER 或 MODBUS_SLAVE 指令所使用的背景数据块的引用	MB_BASE
BAUD — STATUS —	DONE	上一请求已完成且没有出错后，DONE 位将保持为 TRUE 一个扫描周期	BOOL
PARITY —	ERROR	是否出错：0 表示无错误，1 表示有错误	BOOL
MB_DB —	STATUS	故障代码	WORD

2）MB_COMM_LOAD 指令详细介绍

EN：指令使能位。

REQ：上升沿时执行 MB_COMM_LOAD 指令。

PORT：通信端口的硬件标识符，输入该参数时两次单击地址域的 <???>，再单击出现的按钮，选中列表中的 "Local~CM_1241_（RS422_485）_1"，其值为 269。

BAUD：波特率参数。可选 300~115200 bps。

PARITY：奇偶校验参数。奇偶校验参数被设为与 Modbus 从站奇偶校验相匹配。所有设置使用一个起始位和一个停止位。可接受的数值为：0（无奇偶校验）、1（奇校验）、2（偶校验）。

MB_DB: MODBUS_MASTER 或 MODBUS_SLAVE 函数块的背景数据块中的静态变量。

DONE：MB_COMM_LOAD 指令成功完成时，Done 输出为 1，否则为 0。

ERROR：当为 1 状态表示检测到错误，参数 STATUS 中是故障代码。

STATUS：故障代码。

2.MB_MASTER 指令

MB_MASTER 指令用于 Modbus 主站与指定的从站进行通信。主站可以访问一个或多个 Modbus 从站设备的数据。

MB_MASTER 指令不是用通信中断事件来控制通信过程，用户程序必须通过轮询 MB_MASTER 指令，来了解发送和接收的完成情况。Modbus 主站调用 MB_MASTER 指令向从站发送请求报文后，用户必须继续执行该指令，直到接收到从站返回的响应。

1）MB_MASTER 指令参数

MB_MASTER 指令参数说明如表 14-2 所示。

表 14-2 MB_MASTER 指令参数说明

LAD	输入 / 输出	说明	数据类型
	EN	使能	BOOL
	REQ	上升沿时信号启动操作	BOOL
	MB_ADDR	从站站地址，有效值为 0 ~ 247	UINT
MB_MASTER EN ENO REQ DONE MB_ADDR BUSY MODE ERROR DATA_ADDR STATUS DATA_LEN DATA_PTR	MODE	模式选择：0 表示读，1 表示写	USINT
	DATA_ADDR	从站中的起始地址	UDINT
	DATA_LEN	数据长度	UINT
	DATA_PTR	数据指针：指向要写入或读取的数据的 M 或者 DB 地址	VARIANT
	DONE	上一请求已完成且没有出错后，DONE 位将保持为 TRUE 一个扫描周期时间	BOOL
	BUSY	为 0 时 MODBUS_MASTER 操作正在进行；为 1 时 MODBUS_MASTER 操作正在进行	BOOL
	ERROR	是否出错：0 表示无错误，1 表示有错误	BOOL
	STATUS	故障代码	WORD

2）MB_MASTER 指令参数详细介绍

EN：指令使能位。

REQ：请求参数应该在有新请求要发送时才打开以进行一次扫描。首次输入应当通过一个边沿检测元素（例如上升沿）打开，这将导致请求被传送一次。

MB_ADDR：MB_ADDR 是 Modbus 从站的地址，允许的范围是 0~247。地址 0 是广播地址，只能用于写请求，不存在对地址 0 的广播请求的应答。

MODE：用于选择 Modbus 功能的类型。参数经常使用下列两个值：0 表示读，1 表示写。

DATA_ADDR：用于指定要访问的从站中数据的 Modbus 起始地址。

DATA_LEN：数据长度，指定要访问的数据长度。数据长度数值是位数（对于位数据类型）和字数（对于字数据类型）。

DATA_PTR：DATA_PTR 参数是指向 S7-1200 CPU 的数据块或位存储区地址，读取或写入请求相关的数据的间接地址指针（例：P#M100.0 WORD 1），也可以直接写一个字的地址 MW100。对于读取请求，DATA_PTR 应指向用于存储从 Modbus 从站读取的数据的第一个 CPU 存储器位置。对于写入请求，DATA_PTR 应指向要发送到 Modbus 从站的数据的第一个 CPU 存储器位置。

DONE：完成输出。完成输出在发送请求和接收应答时关闭。完成输出在应答完成 MB_MASTER 指令因错误而中止时打开。

BUSY：为 1 状态表示正在处理 MODBUS_MASTER 任务。

ERROR：为 1 状态表示检测到错误，并且参数 STATUS 提供的错误代码有效。

根据 Modbus 协议，数据长度与 Modbus 地址存在如表 14-3 所示对应关系。

表 14-3 数据长度与 Modbus 地址对应关系

地址	计数参数
0××××	计数参数是要读取或写入的位数
1××××	计数参数是要读取的位数
3××××	计数参数是要读取的输入寄存器的字数
4××××	计数参数是要读取或写入的保持寄存器的字数

MB_MASTER 指令最大读取或写入 120 个字或 1920 个位（240 字节的数据）。计数的实际限值还取决于 Modbus 从站中的限制。

3.MB_SLAVE 指令

在 OB1 中调用 MB_SLAVE 指令，它用于为 Modbus 主站发出的请求服务。开机时执行 OB100 中的 MODBUS_COMM_LOAD 指令，通信接口被初始化。从站接收到 Modbus RTU 主站发送的请求时，通过执行 MODBUS_SLAVE 指令来响应。

1）MB_SLAVE 指令参数

MB_SLAVE 指令参数说明如表 14-4 所示。

表 14-4 MB_SLAVE 指令参数说明

LAD	输入 / 输出	说明	数据类型
	EN	使能	BOOL
	MB_ADDR	从站地址，有效值为 0~247	UINT
MB_SLAVE	MB_HOLD_REG	保持存储器数据块的地址	VARIANT
EN　　　ENO MB_ADDR　　NDR MB_HOLD_REG　DR 　　　ERROR 　　　STATUS	NDR	新数据是否准备好，0 表示无数据，1 表示主站有新数据写入	BOOL
	DR	读数据标志，0 表示未读数据，1 表示主站读取数据完成	BOOL
	ERROR	是否出错：0 表示无错误，1 表示有错误	BOOL
	STATUS	故障代码	WORD

2）MB_SLAVE 指令参数详细介绍

EN：指令使能位。

MB_ADDR：是 ModbusRTU 从站的地址（0~247）。

MB_HOLD_REG：是指向 Modbus 保持寄存器数据块的指针，其实参的符号地址"BUFFER".DATE，该数组用来保存供主站读写的数据值。生成数据块时，不能激活"优化的块访问"属性。DB1.DBW0 对应于 Modbus 地址 40001。

NDR：为 1 状态表示 Modbus 主站已写入新数据，反之没有新数据。

DR：为 1 状态表示 Modbus 主站已读取数据，反之没有读取。

ERROR：为 1 状态表示检测到错误，参数 STATUS 中的错误代码有效。

14.2　西门子 S7-1200 PLC 与台达变频器的 Modbus 通信案例

下面就以西门子 S7-1200 PLC 与台达变频器为例讲解 Modbus 通信。

14.2.1　西门子 S7-1200 PLC 与 1 台台达变频器的 Modbus 通信案例

1. 案例要求

PLC 通过 Modbus 通信控制台达变频器。I0.0 启动变频器正转，I0.1 启动变频器反转，I0.2 停止变频器。

2.PLC 程序 I/O 分配

I/O 分配如表 14-5 所示。

表 14-5 I/O 分配表

输入	功能
I0.0	变频器正转
I0.1	变频器反转
I0.2	变频器停止

3. 变频器参数设置

变频器参数设置参考第 4.3.1 小节的内容。

4. 西门子 S7-1200 PLC 与台达变频器 Modbus 通信接线

1）台达变频器通信端口

台达变频器通信端口如图 14-3 所示。

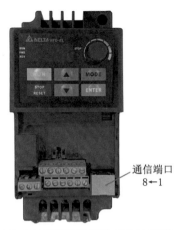

图 14-3 台达变频器的通信端口示意图

台达面板上的通信端口的名称与功能如表 14-6 所示。

表 14-6 台达变频器的 Modbus 通信端口的名称与功能

端子号	名称	功能
4-	SG-	RS485 信号 -
5+	SG+	RS485 信号 +

2）西门子 S7-1200 PLC 通信端口

西门子 S7-1200 PLC 通信端口的名称与功能如表 14-7 所示。

表 14-7 西门子 S7-1200 PLC 通信端口的名称与功能

端子号	名称	功能
3	+	RS485 信号 +
8	-	RS485 信号 -

西门子 S7-1200 PLC 与台达变频器的 Modbus 通信端口接线如图 14-4 所示。

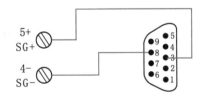

图 14-4 西门子 S7-1200 PLC 与台达变频器的 Modbus 通信端口接线

3）西门子 S7-1200 PLC 与台达变频器 Modbus 通信接线

西门子 S7-1200 PLC 与台达变频器 Modbus 通信接线如图 14-5 所示。

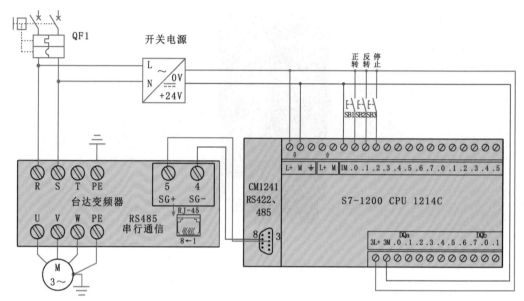

图 14-5 西门子 S7-1200 PLC 与台达变频器 Modbus 通信接线

4）西门子 S7-1200 PLC 与台达变频器 Modbus 通信实物接线

西门子 S7-1200 PLC 与台达变频器 Modbus 通信实物接线如图 14-6 所示。

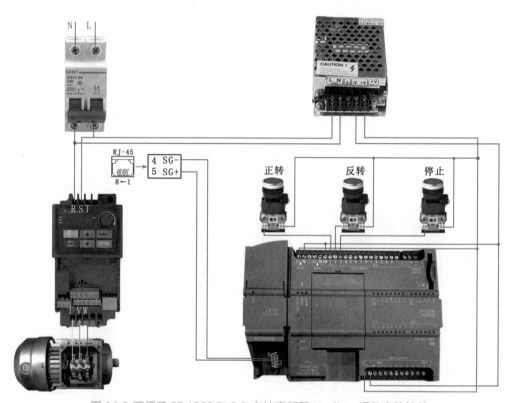

图 14-6 西门子 S7-1200 PLC 与台达变频器 Modbus 通信实物接线

5. 西门子 S7-1200 PLC 与台达变频器 Modbus 通信的 PLC 程序

PLC 程序如图 14-7 所示。

OB100 程序：

程序段1：

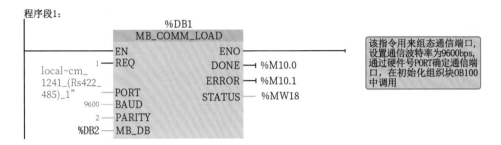

该指令用来组态通信端口，设置通信波特率为9600bps，通过硬件号PORT确定通信端口，在初始化组织块OB100中调用

OB1 主程序：

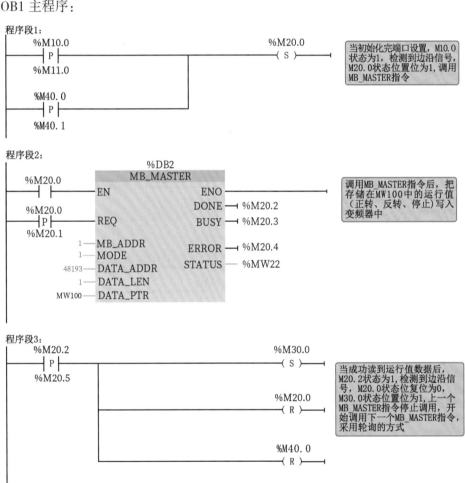

图 14-7 PLC 程序图

程序段4：

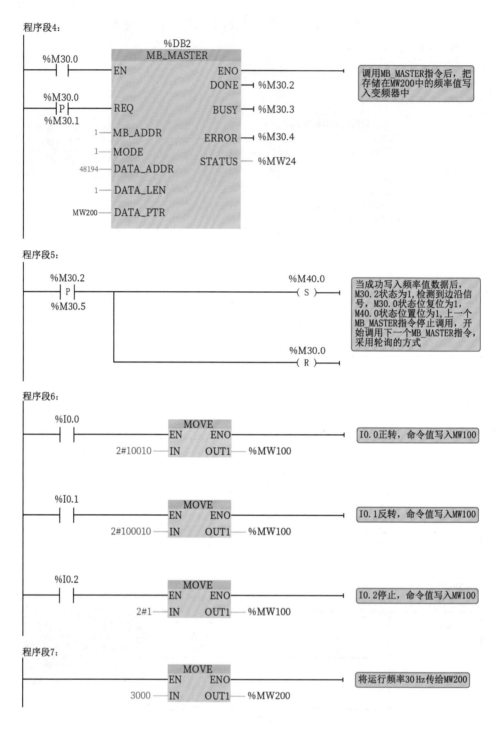

程序段5：

程序段6：

程序段7：

续图 14-7

14.2.2 西门子 S7-1200 PLC 与 4 台台达变频器的 Modbus 通信案例

1. 案例要求

西门子 S7-1200 PLC 通过 Modbus 通信控制 4 台台达变频器。I0.0 启动 1 号从站变频器正转，I0.1 启动 1 号从站变频器反转，I0.2 停止 1 号从站变频器。I0.3 启动 2 号从站变频器正转，I0.4 启动 2 号从站变频器反转，I0.5 停止 2 号从站变频器。I0.6 启动 3 号从站变频器正转，I0.7 启动 3 号从站变频器反转，I1.0 停止 3 号从站变频器。I1.1 启动 4 号从站变频器正转，I1.2 启动 4 号从站变频器反转，I1.3 停止 4 号从站变频器。西门子 S7-1200 PLC 通过 Modbus 通信读取台达变频器当前电流和当前频率。

2.PLC 程序 I/O 分配

I/O 分配如表 14-8 所示。

表 14-8 I/O 分配表

输入	功能
I0.0	1 号从站变频器正转
I0.1	1 号从站变频器反转
I0.2	1 号从站变频器停止
I0.3	2 号从站变频器正转
I0.4	2 号从站变频器反转
I0.5	2 号从站变频器停止
I0.6	3 号从站变频器正转
I0.7	3 号从站变频器反转
I1.0	3 号从站变频器停止
I1.1	4 号从站变频器正转
I1.2	4 号从站变频器反转
I1.3	4 号从站变频器停止

3. 从站变频器参数设置

变频器参数设置参考第 4.3.2 小节的内容。

4. 西门子 1200 PLC 与台达变频器 Modbus 通信接线

1）台达变频器通信端口

台达变频器通信端口如图 14-8 所示。

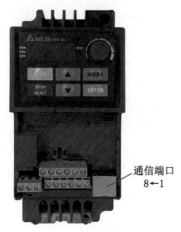

图 14-8 台达变频器的通信端口

台达面板上的通信端口说明如表 14-9 所示。

表 14-9 台达变频器的通信端口说明

端口	名称	功能
4–	SG–	RS485 信号 –
5+	SG+	RS485 信号 +

2）西门子 S7–1200 通信端口

西门子 S7–1200 通信端口说明如表 14–10 所示。

表 14-10 西门子 S7-1200 通信端口说明

端口	名称	功能
3	+	RS485 信号 +
8	–	RS485 信号 –

西门子 S7–1200 PLC 与台达变频器 Modbus 通信端口接线如图 14–9 所示。

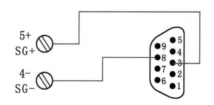

图 14-9 西门子 S7-1200 PLC 与台达变频器 Modbus 通信端口接线

3）西门子 S7-1200 PLC 与 4 台台达变频器 Modbus 通信接线

西门子 S7-1200 PLC 与 4 台台达变频器 Modbus 通信接线如图 14-10 所示。

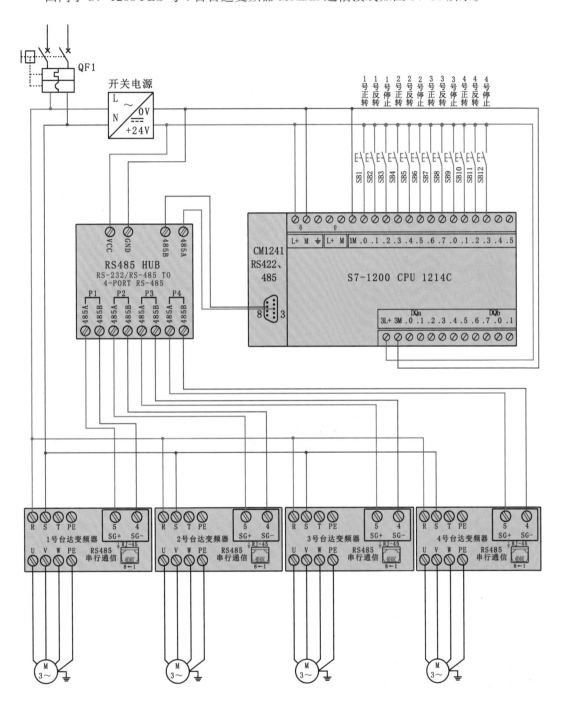

图 14-10 西门子 S7-1200 PLC 与 4 台台达变频器 Modbus 通信接线

4）西门子 S7-1200 PLC 与 4 台台达变频器 Modbus 通信实物接线

西门子 S7-1200 PLC 与 4 台台达变频器 Modbus 通信实物接线如图 14-11 所示。

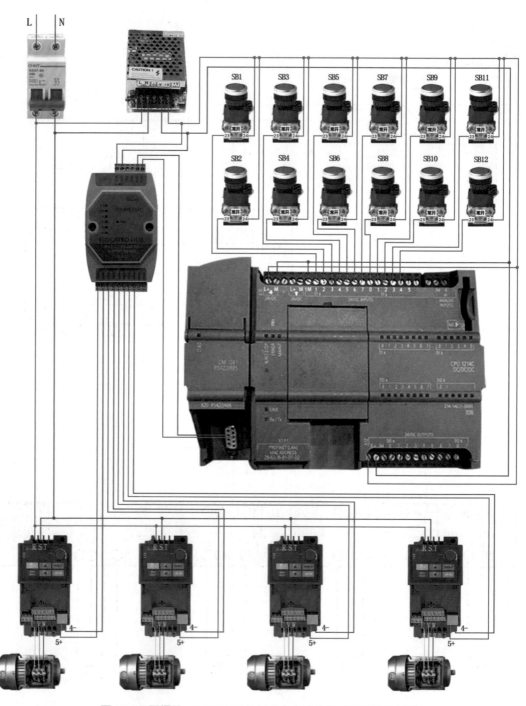

图 14-11 西门子 S7-1200 PLC 与 4 台台达变频器通信实物接线

5. 西门子 1200 PLC 与 4 台台达变频器 Modbus 通信的 PLC 程序

PLC 程序如图 14–12 所示。

OB100 程序：

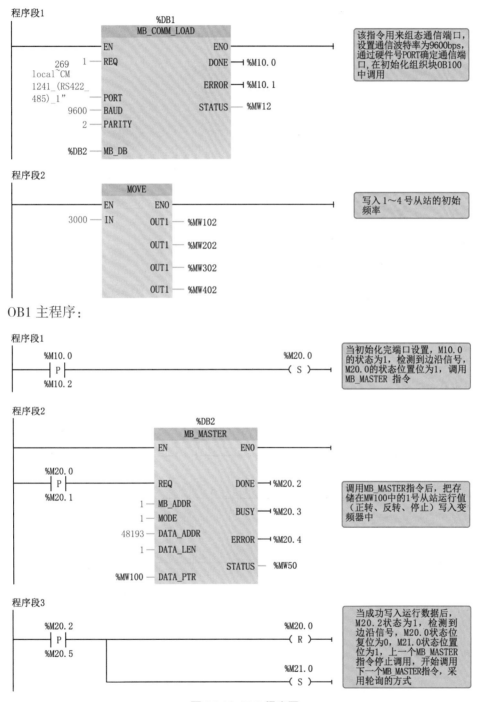

程序段1

%DB1
MB_COMM_LOAD

EN	ENO
1 — REQ	DONE — %M10.0
269 local~CM 1241_(RS422_485)_1"	ERROR — %M10.1
— PORT	STATUS — %MW12
9600 — BAUD	
2 — PARITY	
%DB2 — MB_DB	

该指令用来组态通信端口，设置通信波特率为9600bps，通过硬件号PORT确定通信端口，在初始化组织块OB100中调用

程序段2

MOVE

EN	ENO
3000 — IN	OUT1 — %MW102
	OUT1 — %MW202
	OUT1 — %MW302
	OUT1 — %MW402

写入1～4号从站的初始频率

OB1 主程序：

程序段1

%M10.0
—| P |—
%M10.2

%M20.0
—(S)—

当初始化完端口设置，M10.0的状态为1，检测到边沿信号，M20.0的状态位置位为1，调用 MB_MASTER 指令

程序段2

%DB2
MB_MASTER

EN	ENO
%M20.0 —| P |— %M20.1 — REQ	DONE — %M20.2
1 — MB_ADDR	BUSY — %M20.3
1 — MODE	
48193 — DATA_ADDR	ERROR — %M20.4
1 — DATA_LEN	
%MW100 — DATA_PTR	STATUS — %MW50

调用MB_MASTER指令后，把存储在MW100中的1号从站运行值（正转、反转、停止）写入变频器中

程序段3

%M20.2
—| P |—
%M20.5

%M20.0
—(R)—

%M21.0
—(S)—

当成功写入运行数据后，M20.2状态为1，检测到边沿信号，M20.0状态位复位为0，M21.0状态位置位为1，上一个MB_MASTER指令停止调用，开始调用下一个MB_MASTER指令，采用轮询的方式

图 14-12 PLC 程序图

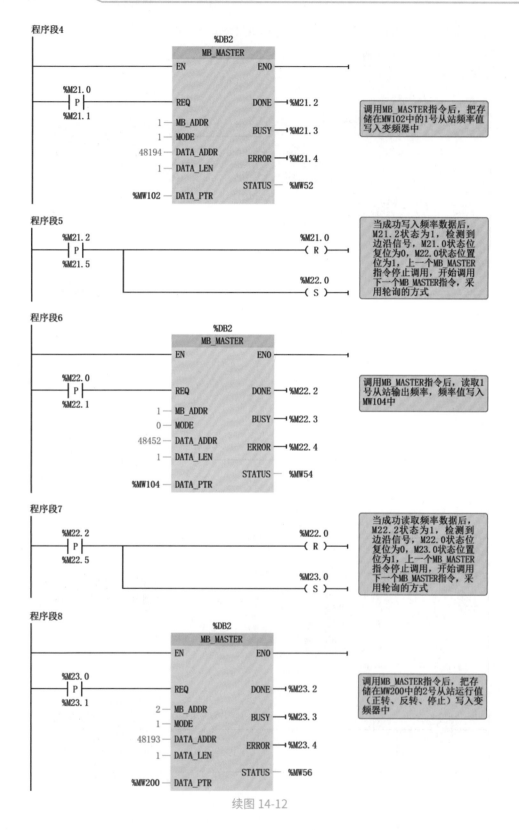

程序段4

%DB2
MB_MASTER

EN	ENO
%M21.0 %M21.1 —|P|— REQ	DONE — %M21.2
1 — MB_ADDR	BUSY — %M21.3
1 — MODE	
48194 — DATA_ADDR	ERROR — %M21.4
1 — DATA_LEN	
	STATUS — %MW52
%MW102 — DATA_PTR	

调用MB_MASTER指令后，把存储在MW102中的1号从站频率值写入变频器中

程序段5

%M21.2 %M21.5 —\|P\|—   %M21.0 —(R)—

                                                          %M22.0 —(S)—

当成功写入频率数据后，M21.2状态为1，检测到边沿信号，M21.0状态位复位为0，M22.0状态位置位为1，上一个MB_MASTER指令停止调用，开始调用下一个MB_MASTER指令，采用轮询的方式

程序段6

%DB2
MB_MASTER

EN	ENO
%M22.0 %M22.1 —|P|— REQ	DONE — %M22.2
1 — MB_ADDR	BUSY — %M22.3
0 — MODE	
48452 — DATA_ADDR	ERROR — %M22.4
1 — DATA_LEN	
	STATUS — %MW54
%MW104 — DATA_PTR	

调用MB_MASTER指令后，读取1号从站输出频率，频率值写入MW104中

程序段7

%M22.2 %M22.5 —\|P\|—   %M22.0 —(R)—

                                                          %M23.0 —(S)—

当成功读取频率数据后，M22.2状态为1，检测到边沿信号，M22.0状态位复位为0，M23.0状态位置位为1，上一个MB_MASTER指令停止调用，开始调用下一个MB_MASTER指令，采用轮询的方式

程序段8

%DB2
MB_MASTER

EN	ENO
%M23.0 %M23.1 —|P|— REQ	DONE — %M23.2
2 — MB_ADDR	BUSY — %M23.3
1 — MODE	
48193 — DATA_ADDR	ERROR — %M23.4
1 — DATA_LEN	
	STATUS — %MW56
%MW200 — DATA_PTR	

调用MB_MASTER指令后，把存储在MW200中的2号从站运行值（正转、反转、停止）写入变频器中

续图 14-12

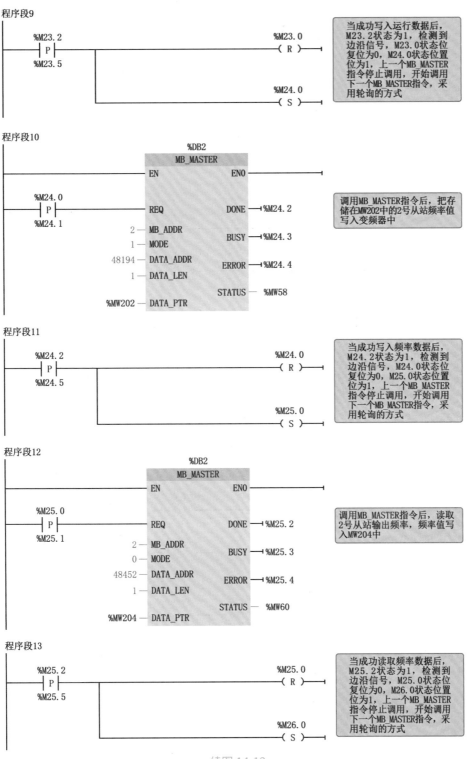

程序段9

%M23.2
—| P |—
%M23.5

%M23.0
—(R)—

当成功写入运行数据后，M23.2状态为1，检测到边沿信号，M23.0状态位复位为0，M24.0状态位置位为1，上一个MB_MASTER指令停止调用，开始调用下一个MB_MASTER指令，采用轮询的方式

%M24.0
—(S)—

程序段10

%DB2
MB_MASTER
EN   ENO

%M24.0
—| P |—   REQ   DONE —%M24.2
%M24.1

2 — MB_ADDR   BUSY —%M24.3
1 — MODE
48194 — DATA_ADDR   ERROR —%M24.4
1 — DATA_LEN
STATUS —%MW58
%MW202 — DATA_PTR

调用MB_MASTER指令后，把存储在MW202中的2号从站频率值写入变频器中

程序段11

%M24.2
—| P |—
%M24.5

%M24.0
—(R)—

当成功写入频率数据后，M24.2状态为1，检测到边沿信号，M24.0状态位复位为0，M25.0状态位置位为1，上一个MB_MASTER指令停止调用，开始调用下一个MB_MASTER指令，采用轮询的方式

%M25.0
—(S)—

程序段12

%DB2
MB_MASTER
EN   ENO

%M25.0
—| P |—   REQ   DONE —%M25.2
%M25.1

2 — MB_ADDR   BUSY —%M25.3
0 — MODE
48452 — DATA_ADDR   ERROR —%M25.4
1 — DATA_LEN
STATUS —%MW60
%MW204 — DATA_PTR

调用MB_MASTER指令后，读取2号从站输出频率，频率值写入MW204中

程序段13

%M25.2
—| P |—
%M25.5

%M25.0
—(R)—

当成功读取频率数据后，M25.2状态为1，检测到边沿信号，M25.0状态位复位为0，M26.0状态位置位为1，上一个MB_MASTER指令停止调用，开始调用下一个MB_MASTER指令，采用轮询的方式

%M26.0
—(S)—

续图 14-12

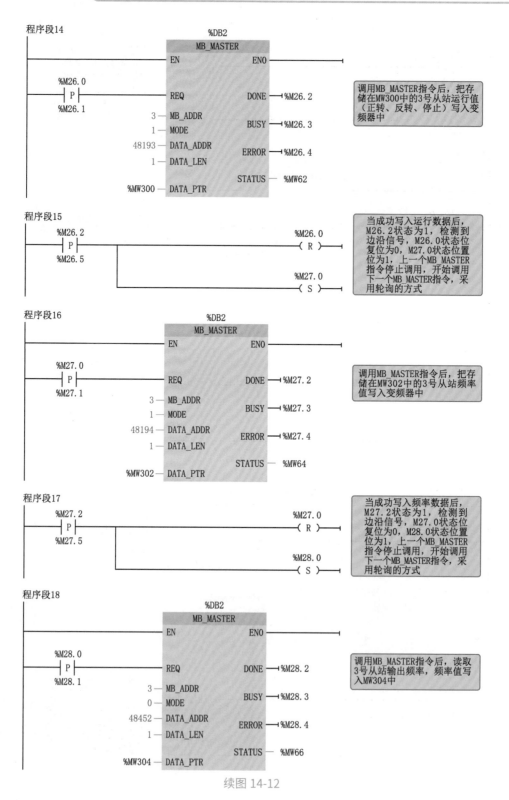

程序段14

%DB2
MB_MASTER

EN — ENO

%M26.0
─┤ P ├─ REQ — DONE — %M26.2
%M26.1

3 — MB_ADDR
1 — MODE — BUSY — %M26.3
48193 — DATA_ADDR
1 — DATA_LEN — ERROR — %M26.4

STATUS — %MW62
%MW300 — DATA_PTR

> 调用MB_MASTER指令后，把存储在MW300中的3号从站运行值（正转、反转、停止）写入变频器中

程序段15

%M26.2
─┤ P ├──────────────────── %M26.0
%M26.5   ─(R)─

%M27.0
─(S)─

> 当成功写入运行数据后，M26.2状态为1，检测到边沿信号，M26.0状态位复位为0，M27.0状态位置位为1，上一个MB_MASTER指令停止调用，开始调用下一个MB_MASTER指令，采用轮询的方式

程序段16

%DB2
MB_MASTER

EN — ENO

%M27.0
─┤ P ├─ REQ — DONE — %M27.2
%M27.1

3 — MB_ADDR
1 — MODE — BUSY — %M27.3
48194 — DATA_ADDR
1 — DATA_LEN — ERROR — %M27.4

STATUS — %MW64
%MW302 — DATA_PTR

> 调用MB_MASTER指令后，把存储在MW302中的3号从站频率值写入变频器中

程序段17

%M27.2
─┤ P ├──────────────────── %M27.0
%M27.5   ─(R)─

%M28.0
─(S)─

> 当成功写入频率数据后，M27.2状态为1，检测到边沿信号，M27.0状态位复位为0，M28.0状态位置位为1，上一个MB_MASTER指令停止调用，开始调用下一个MB_MASTER指令，采用轮询的方式

程序段18

%DB2
MB_MASTER

EN — ENO

%M28.0
─┤ P ├─ REQ — DONE — %M28.2
%M28.1

3 — MB_ADDR
0 — MODE — BUSY — %M28.3
48452 — DATA_ADDR
1 — DATA_LEN — ERROR — %M28.4

STATUS — %MW66
%MW304 — DATA_PTR

> 调用MB_MASTER指令后，读取3号从站输出频率，频率值写入MW304中

续图 14-12

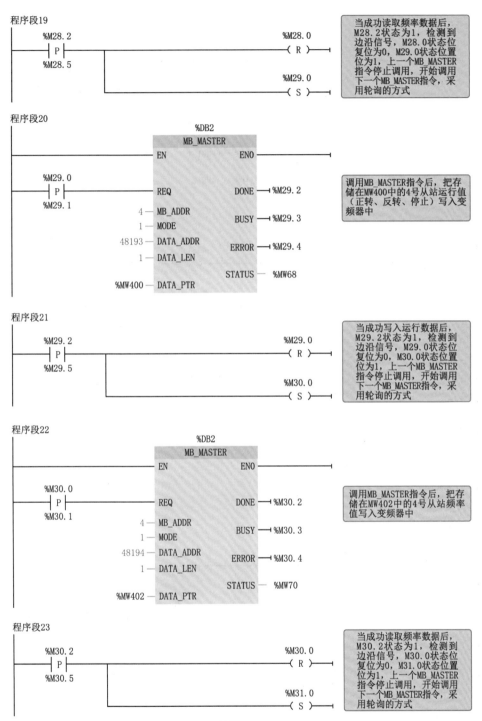

程序段19

%M28.2
─┤ P ├─
%M28.5

%M28.0
─(R)─

%M29.0
─(S)─

当成功读取频率数据后，
M28.2状态为1，检测到
边沿信号，M28.0状态位
复位为0，M29.0状态位置
位为1，上一个MB_MASTER
指令停止调用，开始调用
下一个MB_MASTER指令，采
用轮询的方式

程序段20

%DB2
MB_MASTER

EN   ENO

%M29.0
─┤ P ├─   REQ   DONE ─ %M29.2
%M29.1

4 ─ MB_ADDR

1 ─ MODE   BUSY ─ %M29.3

48193 ─ DATA_ADDR

1 ─ DATA_LEN   ERROR ─ %M29.4

STATUS ─ %MW68

%MW400 ─ DATA_PTR

调用MB_MASTER指令后，把存
储在MW400中的4号从站运行值
（正转、反转、停止）写入变
频器中

程序段21

%M29.2
─┤ P ├─
%M29.5

%M29.0
─(R)─

%M30.0
─(S)─

当成功写入运行数据后，
M29.2状态为1，检测到
边沿信号，M29.0状态位
复位为0，M30.0状态位置
位为1，上一个MB_MASTER
指令停止调用，开始调用
下一个MB_MASTER指令，采
用轮询的方式

程序段22

%DB2
MB_MASTER

EN   ENO

%M30.0
─┤ P ├─   REQ   DONE ─ %M30.2
%M30.1

4 ─ MB_ADDR

1 ─ MODE   BUSY ─ %M30.3

48194 ─ DATA_ADDR

1 ─ DATA_LEN   ERROR ─ %M30.4

STATUS ─ %MW70

%MW402 ─ DATA_PTR

调用MB_MASTER指令后，把存
储在MW402中的4号从站频率
值写入变频器中

程序段23

%M30.2
─┤ P ├─
%M30.5

%M30.0
─(R)─

%M31.0
─(S)─

当成功读取频率数据后，
M30.2状态为1，检测到
边沿信号，M30.0状态位
复位为0，M31.0状态位置
位为1，上一个MB_MASTER
指令停止调用，开始调用
下一个MB_MASTER指令，采
用轮询的方式

续图 14-12

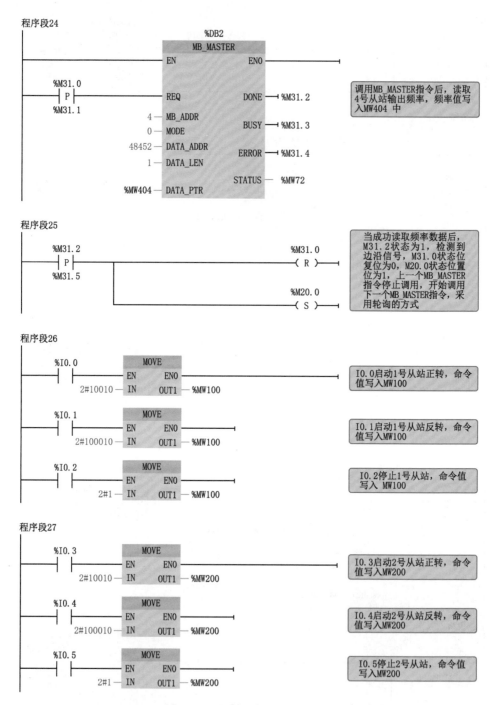

程序段24

调用MB_MASTER指令后，读取4号从站输出频率，频率值写入MW404 中

程序段25

当成功读取频率数据后，M31.2状态为1，检测到边沿信号，M31.0状态位复位为0，M20.0状态位置位为1，上一个MB_MASTER指令停止调用，开始调用下一个MB_MASTER指令，采用轮询的方式

程序段26

I0.0启动1号从站正转，命令值写入MW100

I0.1启动1号从站反转，命令值写入MW100

I0.2停止1号从站，命令值写入 MW100

程序段27

I0.3启动2号从站正转，命令值写入MW200

I0.4启动2号从站反转，命令值写入MW200

I0.5停止2号从站，命令值写入MW200

续图 14-12

程序段28

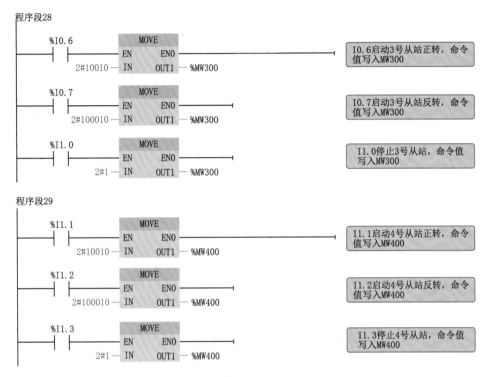

续图 14-12

第 15 章

西门子 S7−1200 PLC 与智能温度控制仪的 Modbus 通信

15.1 实物介绍

西门子 S7−1200 PLC 与智能温度控制仪通信需要的设备有西门子 S7−1200 PLC、温度传感器、智能温度控制仪、RS485 通信线。

1. 西门子 S7-1200 PLC
西门子 S7−1200 PLC CPU 型号为 1214C，如图 15−1 所示。

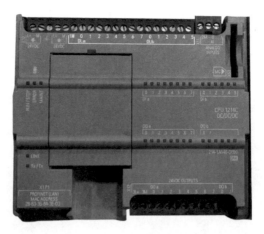

图 15-1 西门子 S7−1200 PLC

2. 温度传感器
温度传感器的测量范围为 0~100℃，其外形如图 15−2 所示。

图 15-2 温度传感器

3. 智能温度控制仪

（1）智能温度控制仪如图 15–3 所示。可编程模块化输入，可支持热电偶、热电阻、电压、电流及二线制变送器输入；适用于温度、压力、流量、液位、湿度等多种物理量的测量与显示；测量精度高达 0.3 级。

（2）采样周期：0.4 s。

（3）电源电压 100~240 V AC/50~60 Hz 或 24 V DC/AC（±10%）。

（4）工作环境：环境温度 –10~60℃，环境湿度＜90%RH，电磁兼容 IEC61000–4–4（电快速瞬变脉冲群），±4 kV/5 kHz；IEC61000–4–5（浪涌），4 kV，隔离耐压≥2300 V DC。

图 15-3 智能温度控制仪

4.RS485 通信线

RS485 通信线为 9 针通信端口，3 为正端，8 为负端，如图 15–4 所示。

图 15-4 RS485 通信线

实物接线

西门子 S7-1200 PLC 与智能温度控制仪 Modbus 通信实物接线如图 15-5 所示。

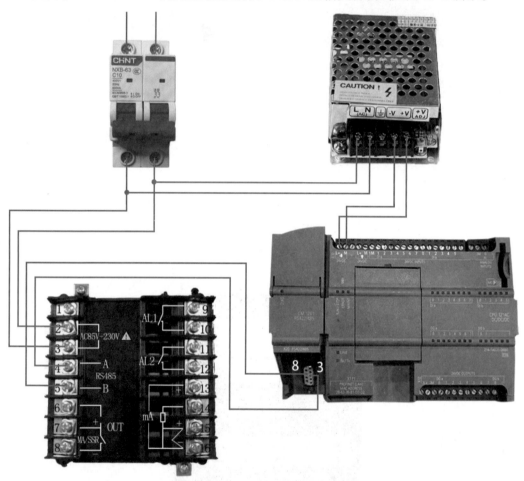

图 15-5 西门子 S7-1200 PLC 与智能温度控制仪 Modbus 通信实物接线

15.3 通信说明

1. 串口说明

与仪表通信及上位机通信的串口格式都默认为波特率 9600 bps、无校验、数据位 8 位、停止位 1 位。

2.Modbus-RTU（地址寄存器）

Modbus-RTU（地址寄存器）的说明如表 15-1 所示。

表 15-1 Modbus-RTU（地址寄存器）说明

Modbus-RTU(地址寄存器)	符　号	名　称
0001	SP	设定值
0002	HIAL	上限报警
0003	LOAL	下限报警
0004	AHYS	上限报警回差
0005	ALYS	下限报警回差
0006	KP	比例带
0007	KI	积分时间
0008	KD	微分时间
0009	AT	自整定
0010	CT1	控制周期
0011	CHYS	主控回差
0012	SCb	误差修正
0014	DPt	小数点选择位
0015	P_SH	上限量程
0016	P_SL	下限量程
0021	ACT	正反转选择
0023	LOCK	密码锁
0024	INP	输入方式
4098	PV	实际测量值

3.PLC 读取温度

PLC 通过 Modbus 通信读取智能温度控制仪表的温度数值，智能温度控制仪表的实际测量值放到 Modbus 地址 4098 中存储。PLC 中 40001~49999 对应保持寄存器，4 代表保持寄存器型号，后面代表 Modbus 地址，即 PLC 中的 Modbus 地址为 44098。

4. 程序介绍

PLC 程序如图 15-6 所示。

OB100 程序：

程序段1

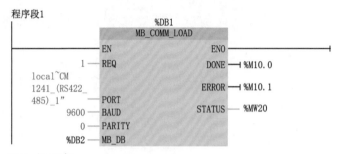

该指令用来组态通信端口设置通信波特率为9600bps，通过硬件号PORT确定通信端口，在初始化组织块OB100中调用

OB1 主程序：

程序段1

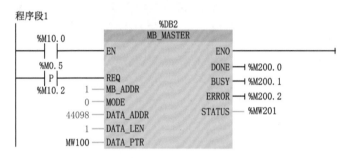

当初始化完端口设置，M10.0状态为1，硬件组态里设置字节MB0为时钟字节，M0.5为1 Hz脉冲，即1 s读取一次温度值存储在MW100中

程序段2

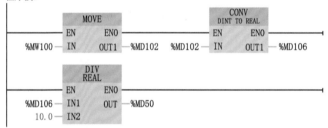

读取的温度值为整数，个数是小数点，需要通过转换指令转换为浮点。浮点数的值为实际温度

图 15-6 程序介绍

第 16 章

昆仑通态 TPC7072GT
与西门子 S7-1200 PLC 的通信

在第 11 章已介绍了昆仑通态 TPC7072GT 的硬件知识，本章主要讲解昆仑通态 TPC7072GT 与西门子 S7-1200 PLC 的通信连接、数据关联，以及工程的下载与上传。

16.1　昆仑通态 TPC7072GT 与西门子 S7-1200 PLC 通信连接

16.1.1　接线说明

昆仑通态 TPC7072GT 与西门子 S7-1200 PLC 通信二者的连接用以太网接口，如图 16-1 所示。

mcgsTpc　　　　　网线　　　　　西门子S7-1200

图 16-1 昆仑通态 TPC7072GT 与西门子 S7-1200 PLC 通信接线说明

16.1.2　案例效果

本案例以添加"启动""停止"等按钮为例，讲解昆仑通态 TPC7072GT 与西门子 S7-1200 PLC 的组态，添加完成后的效果如图 16-2 所示。

图 16-2 启保停案例

16.1.3 设备组态

1. 新建工程

选择对应产品型号，如图 16-3 所示。

图 16-3 工程设置

在工作台中激活设备窗口，双击图标 ，进入设备组态画面，点击工具栏中的图标 ，打开"设备工具箱"，如图 16-4 所示。

图 16-4 设备窗口 (1)

2. 建立通信

在"设备工具箱"中，鼠标按顺序先后双击"通用 TCP/IP 父设备"和"Siemens_1200"添加至设备组态画面。

1) 将"通用 TCP/IP 父设备"添加至设备组态

在工具栏中选择，弹出"设备工具箱"，选择"通用 TCP/IP 父设备"，即可将"通用 TCP/IP 父设备"添加至设备窗口，具体步骤如图 16–5 所示。

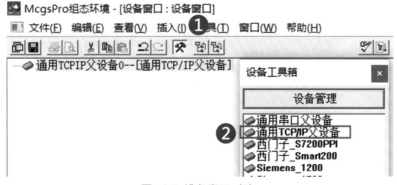

图 16-5 设备窗口 (2)

2）添加 "Siemens_1200" 至设备组态窗口

在 "设备工具箱" 中，双击 "Siemens_1200"，如图 16-6 所示。

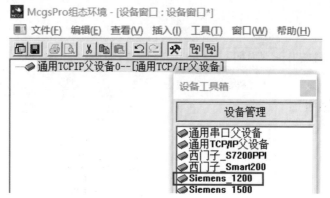

图 16-6 设备窗口（3）

此时会弹出提示窗口，提示是否使用 "Siemens_1200" 驱动的默认通信参数设置 TCP/IP 父设备，如图 16-7 所示，选择 "是" 按钮。完成后，返回工作台。

图 16-7 提示窗口

3）设置 TPC7072GT 的 TCP/IP 地址以及关联远程 PLC 的 IP 地址

在设备窗口双击 "通用 TCP/IP 父设备 0--"，弹出 "通用 TCP/IP 设备属性编辑" 对话框，如图 16-8 所示，在 "基本属性" 页中，"本地 IP 地址" 是分配给昆仑通态 TPC7072GT 的 IP 地址，"远程 IP 地址" 是远程 PLC 的 IP 地址。

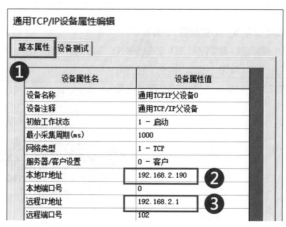

图 16-8 通用 TCP/IP 设备属性编辑

4）TPC7072GTIP 地址修改

TPC 上电后进入如图 16-9 所示界面，点击屏幕任意位置进入系统配置界面，如图 16-10 所示，否则直接启动系统工程。

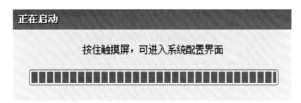

图 16-9 TPC7072GT 启动界面

图 16-10 系统配置界面

点击"系统参数设置"按钮，系统首先判断是否已被设置密码。如果用户未设置密码，则直接进入系统参数设置界面。否则将要求用户输入密码。系统参数设置界面包括"系统""背光""蜂鸣""触摸""时间""网络"和"密码"共 7 个页面，如图 16-11 所示。

图 16-11 TPC 系统设置（1）

5）TPC 的网络设置

TPC 的网络设置分为 DHCP 和静态两种模式，默认为静态模式。

DHCP：在"网络"页中，勾选"启用动态 IP 地址分配模式"，开启动态分配 IP 功能。该功能开启后，TPC 将尝试连接路由器，此时 IP 将由路由器的 DHCP 服务器进行统一分配，该功能可避免出现同一网段中多台 TPC 的 IP 地址冲突问题。

静态：手动设置 IP、掩码、网关，如图 16-12 所示。在 IP 地址栏输入 TPC 的 IP 地址，这里的地址和软件中设置的 IP 地址一样。

图 16-12 TPC 系统设置（2）

16.1.4 窗口组态

在工作台中激活"用户窗口"，再单击"新建窗口"按钮，建立新画面"窗口 1"，如图 16-13 所示。

图 16-13 用户窗口

接下来右键点击"窗口 1"，在弹出的快捷菜单中选择"属性"选项，弹出"用户窗口属性设置"对话框，在"基本属性"页中，将窗口名称修改为"西门子 1200 控制画面"，点击"确认"按钮进行保存，如图 16-14 所示。

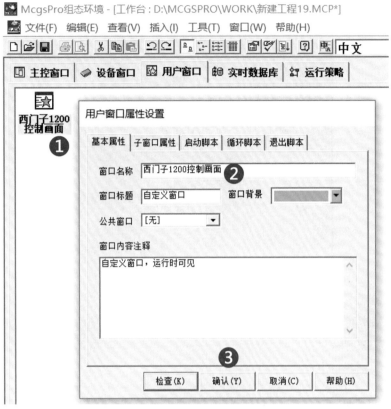

图 16-14 用户窗口属性设置

双击"西门子 1200 控制画面"图标，进入窗口编辑界面，点击 打开工具箱，如图 16-15 所示。

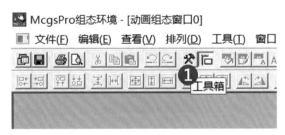

图 16-15 窗口编辑界面

1. 添加按钮

第一步，添加按钮构件。单击工具箱中"标准按钮"构件，在窗口编辑位置按住鼠标左键拖放出一定大小后，松开鼠标左键，这样，一个按钮构件就绘制在窗口中，操作步骤如图 16-16 所示。

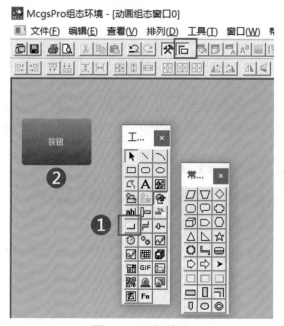

图 16-16 添加按钮

第二步，修改按钮文本。双击已建立的按钮图标，打开"标准按钮构件属性设置"对话框，在"基本属性"页中的"文本"框中输入"启动"，点击"确认"按钮保存，操作步骤如图 16-17 所示。

图 16-17 修改按钮文本

第三步，修改按钮颜色。按照图 16-18 中的步骤来修改按钮文本颜色、边线颜色和填充颜色。

图 16-18 修改按钮颜色

第四步，修改按钮背景图片。在"基本属性"页中，点击"图库"，如图 16-19 所示，进入"元件图库管理"对话框。

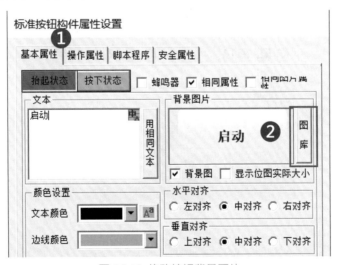

图 16-19 修改按钮背景图片

在"元件图库管理"对话框中，"图库类型"选择"背景图片"中的"操作类"，从"操作类"中选择"标准按钮_拟物_抬起"，最后点击"确定"按钮保存，操作步骤如图 16-20 所示。

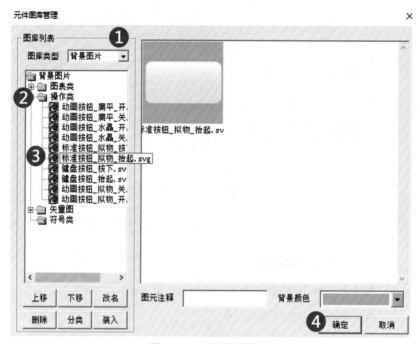

图 16-20 元件图库管理

按照以上步骤，完成后的按钮如图 16–21 所示。大家也可以按照自己的喜好选择按钮颜色和背景图片。

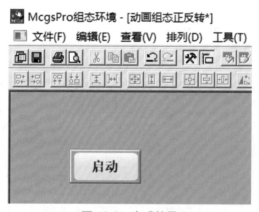

图 16-21 完成效果

第五步，添加"停止"按钮。其步骤与添加"启动"按钮一样，可以拷贝（Ctrl+C）"启动"按钮，再粘贴（Ctrl+V），拷贝"启动"按钮操作如图 16-22 所示。

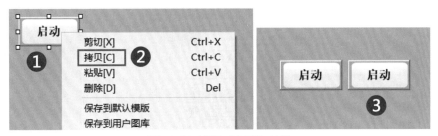

图 16-22 拷贝"启动"按钮

把"启动"文本修改为"停止",再点击"确定",完成操作,步骤如图 16-23 所示。

图 16-23 修改按钮文本

按钮组态完成后的效果如图 16-24 所示。

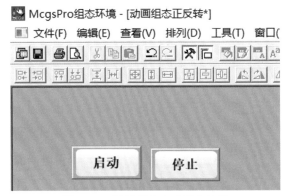

图 16-24 按钮组态完成后的效果

2. 添加指示灯

第一步,插入元件。点击工具栏的 ![icon],打开"工具箱",在"工具箱"中选择"插入元件",如图 16-25 所示。

图 16-25 插入元件

第二步，选择指示灯背景图片。点击"插入元件"按钮，弹出"元件图库管理"对话框，在"图库类型"选择"公共图库"，点击"指示灯"文件夹，选择"指示灯 3"，操作步骤如图 16-26 所示。

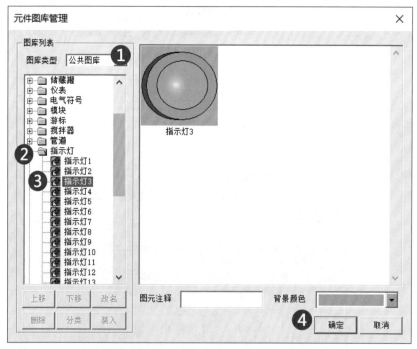

图 16-26 选择指示灯背景图片

按照以上步骤，完成后的指示灯如图 16-27 所示。大家也可以按照自己的喜好，选择指示灯的样式。

图 16-27 添加"指示灯"完成效果

3. 添加标签

第一步,插入标签。在"工具箱"中选择"标签",拖放到编辑区,操作步骤如图 16-28 所示。

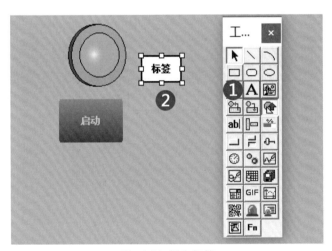

图 16-28 插入标签

第二步,修改标签属性。双击已创建的标签,弹出"标签动画组态属性设置"对话框,在"扩展属性"选项卡中的"文本内容输入"中输入"运行指示",点击"确认"按钮,如图 16-29 所示。完成后的效果如图 16-30 所示。

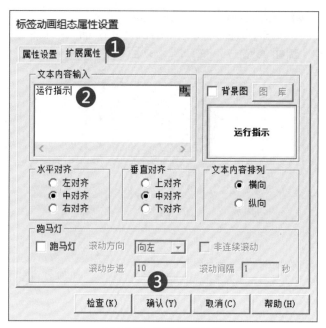

图 16-29 修改标签属性

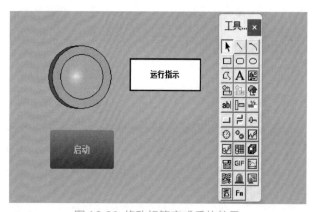

图 16-30 修改标签完成后的效果

16.2 昆仑通态 TPC7072GT 与西门子 S7-1200 PLC 数据关联

16.2.1 设置"启动"按钮功能属性和数据关联

第一步，设置"启动"按钮抬起功能属性。双击"启动"按钮，弹出"标准按钮构件属性设置"对话框，在"操作属性"页，默认"抬起功能"按钮为按下状态，勾选"数据对象值操作"，选择"清 0"，操作步骤如图 16-31 所示。

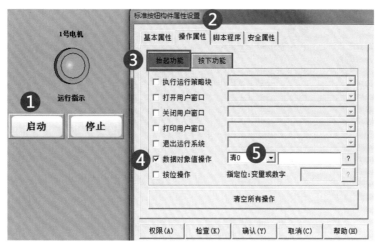

图 16-31 设置"启动"按钮抬起功能属性

第二步,设置"启动"按钮抬起功能的数据关联。如图 16-32 所示,点击变量选择"?",进入"变量选择"页面。

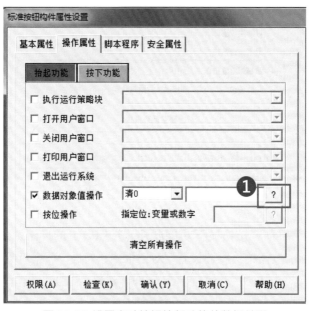

图 16-32 设置启动按钮抬起功能的数据关联

第三步,选择"根据采集信息生成","采集设备"选择"设备 0[Siemens_1200]","通道类型"选择"M 内部继电器","数据类型"选择"通道的第 00 位","通道地址"设置为"0","读写类型"选择"读写",设置完成后点击"确认"按钮,即在"启动"按钮抬起时,M0.0 为"0",操作步骤如图 16-33 所示。

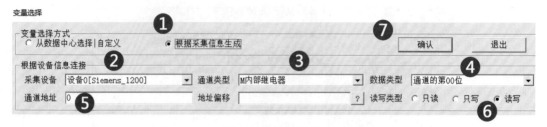

图 16-33 变量选择

设置完成后的"启动"按钮抬起功能属性如图 16–34 所示。

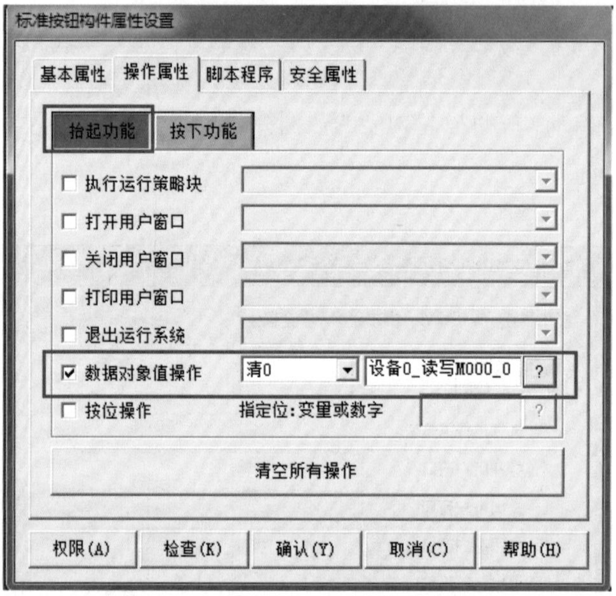

图 16-34 "启动"按钮抬起功能属性

第四步，设置"启动"按钮按下功能属性。按照以上的方法，设置"启动"按钮按下功能属性。在"标准按钮构件属性设置"对话框中，勾选"数据对象值操作"，选择"置1"。点击变量选择"?"进入"变量选择"页面。选择"根据采集信息生成"，"采集设备"选择"设备 0[Siemens_1200]"，"通道类型"选择"M 内部继电器"，"数据类型"选择"通道的第 00 位"，"通道地址"设置为"0"，"读写类型"选择"读写"，设置完成后点击"确认"按钮，即在"启动"按钮按下时，M0.0 为"1"。操作完成以后的结果如图 16–35 所示。

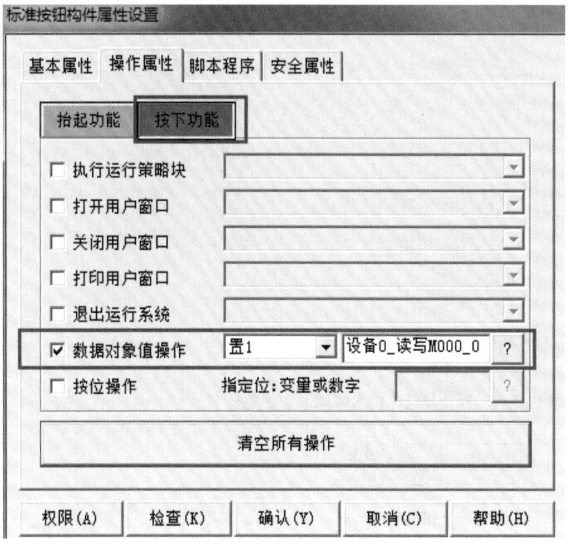

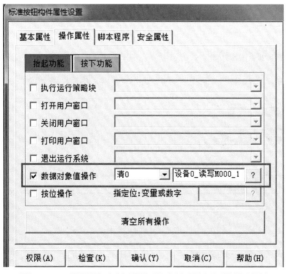

图 16-35 设置"启动"按钮按下功能属性

16.2.2 设置"停止"按钮功能属性和数据关联

第一步，设置"停止"按钮抬起功能属性和数据关联。按照"启动"按钮的操作方法，设置"停止"按钮抬起功能属性。在"标准按钮构件属性设置"对话框中，默认"抬起功能"按钮为按下状态，勾选"数据对象值操作"，选择"清0"。点击变量选择"?"进入变量选择页面。在"变量选择"界面勾选"根据采集信息生成"，"采集设备"选择"设备 0[Siemens_1200]"，"通道类型"选择"M 内部继电器"，"数据类型"选择"通道的第 01 位"，"通道地址"设置为"0"，读写类型选择"读写"，设置完成后点击"确认"按钮，操作结果如图 16–36 所示。

图 16-36 设置停止按钮抬起功能属性和数据关联

第二步，设置"停止"按钮按下功能数据关联。按照以上的方法，设置"停止"按钮按下功能属性。在"标准按钮构件属性设置"对话框中，勾选"数据对象值操作"，选择"置1"。点击变量选择"?"进入"变量选择"页面。选择"根据采集信息生成"，"采集设备"选择"设备0[Siemens_1200]"，"通道类型"选择"M内部继电器"，"数据类型"选择"通道的第01位"，"通道地址"设置为"0"，"读写类型"选择"读写"，设置完成后点击"确认"按钮，即在"停止"按钮按下时，M0.1为"1"。操作结果图如图16-37所示。

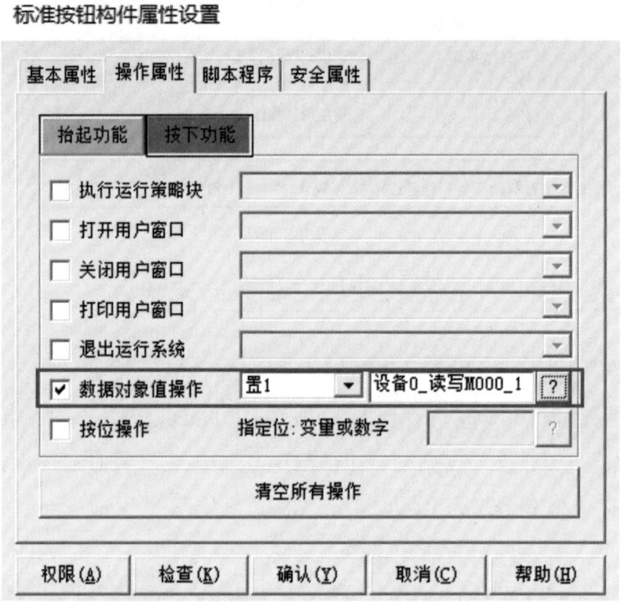

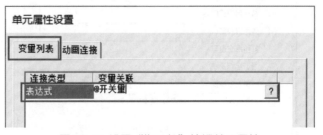

图 16-37 设置"停止"按钮按下功能属性和数据关联

16.2.3 设置"指示灯"按钮单元属性和数据关联

第一步，设置"指示灯"按钮单元属性。双击"指示灯"图标，弹出"单元属性设置"对话框，在"变量列表"页中，选择"表达式"项，如图16-38所示。

图 16-38 设置"指示灯"按钮单元属性

第二步，设置指示灯单元的数据关联。如图16-39所示，点击变量选择"?"，进入"变量选择"窗口。

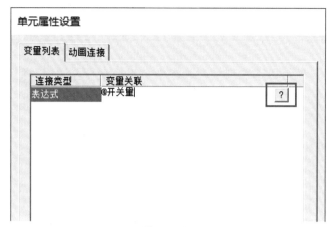

图 16-39 设置"指示灯"按钮的数据关联

第三步，在"变量选择"窗口选择"根据采集信息生成"，"采集设备"选择"设备 0[Siemens_1200]"，"通道类型"选择"Q 输出继电器"，"数据类型"选择"通道的第 00 位"，"通道地址"设置为"0"，"读写类型"选择"读写"，设置完成后点击"确认"。具体步骤如图 16-40 所示。

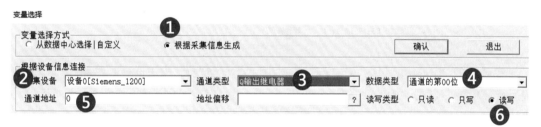

图 16-40 变量选择

设置完成后指示灯属性如图 16-41 所示。

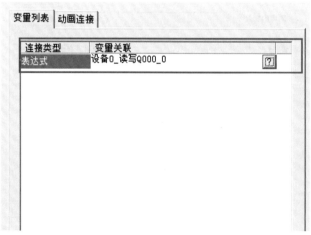

图 16-41 "指示灯"属性

| 16.3 | 工程下载 |

工程完成之后，就可以下载到昆仑通态 TPC 里面运行。这里我们选择使用 U 盘方式下载工程。

（1）将 U 盘插到电脑上。

（2）电脑识别 U 盘之后。点击工具栏中的下载按钮 📥（或按 F5），打开"下载配置"窗口，"运行方式"点选"联机"，点击"U 盘包制作"按钮，如图 16–42 所示。

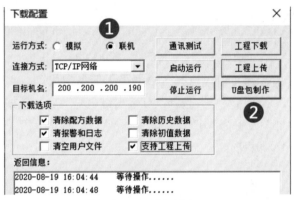

图 16-42 U 盘包制作 1

在弹出的"U 盘功能包内容选择对话框"中，点击"选择"按钮选择 U 盘路径，勾选"升级运行环境"，点击"确定"按钮，如图 16–43 所示。完成时会弹出如图 16–44 所示制作成功的提示窗口。

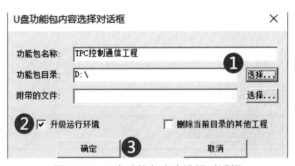

图 16-43 U 盘功能包内容选择对话框

图 16-44 U 盘包制作

在昆仑通态 TPC 上插入 U 盘，出现"正在初始化 U 盘……"提示框，稍等片刻便会弹出是否继续的对话框，点击"是"，弹出功能选择界面，如图 16-45 所示。

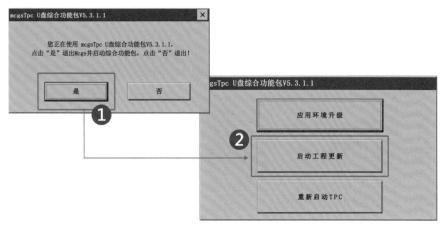

图 16-45 U 盘包制作

点击"启动工程更新"后，弹出"用户工程更新"对话框点击"开始"→"开始下载"进行工程更新，下载完成拔出 U 盘，TPC 会在 10 s 后自动重启，也可手动选择"重启 TPC"。重启之后，工程就成功更新到 TPC 中了。操作步骤如图 16-46 所示。

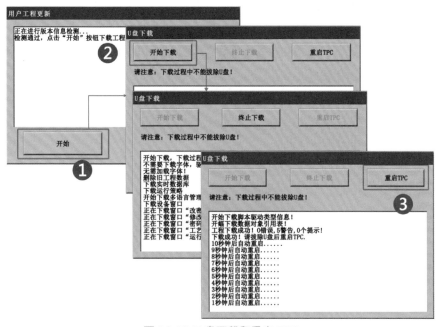

图 16-46 U 盘下载和重启 TPC

16.4 工程上传

工程完成之后，可把工程项目上传到 U 盘或者个人电脑进行备份。这里我们学习使用 U 盘方式上传工程。

McgsPro 组态支持上传组态工程，但必须确保 TPC 里的工程是可支持上传的，因此在下载工程时或在 U 盘包制作时必须勾选"支持工程上传"选项，如图 16-47 所示，否则会上传失败。

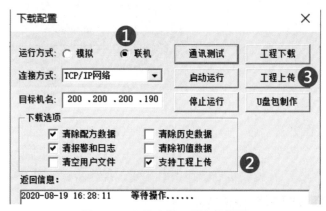

图 16-47 勾选支持工程上传设置

U 盘上传的步骤如下：PC 端组态软件在 U 盘中制作综合功能包→在 TPC 上 插入 U 盘→弹出 U 盘功能包综合选择→点击"是"→弹出功能选择界面→确保"上传工程到 U 盘"按钮可用→点击"上传工程到 U 盘"→弹出 U 盘上传界面→点击"上传"按钮，开始上传工程。此时可以查看 U 盘在 \tpcbackup\ 目录下有一个 McgsTpcProject.mcp 的工程文件，即导出的工程文件，如图 16-48 所示。

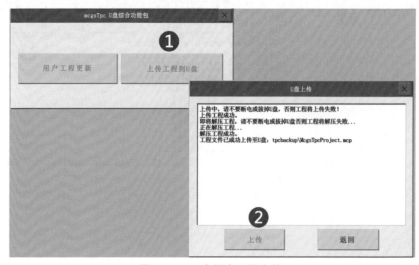

图 16-48 U 盘组态工程上传

第 17 章

西门子 S7-300 PLC 的 PROFIBUS-DP 通信

17.1 PROFIBUS-DP 现场总线概述

17.1.1 工厂自动化网络结构

1. 现场设备层

现场设备层的主要功能是连接现场设备，例如分布式 IO、传感器、驱动器、执行机构和开关设备等，以便完成现场设备控制及设备间连锁控制。

2. 车间监控层

车间监控层又称为单元层，用来完成车间主生产设备之间的连接，包括生产设备状态的在线监控、设备故障报警及维护等。还有生产统计、生产调度等功能。车间监控层设备传输速度不是最重要的，但是应能传送大容量的信息。

3. 工厂管理层

车间操作员工作站通过集线器与车间办公管理网连接，将车间生产数据送到车间管理层。车间管理网作为工厂主网的一个子网，连接到厂区骨干网，将车间数据集成到工厂管理层。

工厂自动化网络结构如图 17-1 所示。

图 17-1 工厂自动化网络结构

17.1.2 PROFIBUS 的组成

PROFIBUS 由 3 种通信协议组成，即 PROFIBUS–DP（decentralized periphery，分布 I/O 系统）、PROFIBUS–PA（process automation，过程自动化）和 PROFIBUS–FMS（fieldbus message specification，现场总线信息规范）。

PROFIBUS–DP 是一种高速、低成本通信协议，专门用于单元级控制设备与分散式 I/O 的通信。使用 PROFIBUS–DP 可取代 24VDC 或 4~20 mA 信号传输。PORFIBUS–PA 专为过程自动化设计，可使传感器和执行机构连在一根总线上，并有本质安全规范。PROFIBUS–FMS 用于系统级和车间级，不同供应商的自动化系统之间传输数据，处理单元级的多主站数据通信。

1.PROFIBUS 的协议结构

PROFIBUS 被纳入现场总线的国际标准 IEC61158 和欧洲标准 EN50170，且于 2001 年被定为我国的标准。PROFIBUS–DP 定义了第 1、2 层和用户接口，第 3 到 7 层未加描述。用户接口规定了用户及系统以及不同设备可调用的应用功能，并详细说明了各种不同 PROFIBUS–DP 设备的设备行为。PROFIBUS–FMS 定义了第 1、2、7 层，应用层包括现场总线信息规范（FMS）和底层接口（LLI）。FMS 包括了应用协议并向用户提供了可广泛选用的强有力的通信服务；LLI 协调不同的通信关系并提供不依赖设备的第 2 层访问接口。PROFIBUS–PA 的数据传输采用扩展的 PROFIBUS–DP 协议。另外，PA 还描述了现场设备行为的 PA 行规。根据 IEC1157–2 标准，PA 的传输技术可确保其本质安全性，而且可通过总线给现场设备供电。使用连接器可在 DP 上扩展 PA 网络。

2.PROFIBUS 的传输技术

PROFIBUS 提供了三种数据传输形式：RS485 传输、IEC1157–2 传输和光纤传输。

1）RS485 传输

RS485 传输是 PROFIBUS 最常用的一种传输技术，通常称为 H2 传输。RS485 传输技术用于 PROFIBUS–DP 与 PROFIBUS–FMS。

RS485 传输的基本特征是：网络拓扑为线型总线，两端有有源的总线终端电阻；传输速率为 9.6 Kbps~12 Mbps；介质为屏蔽双绞电缆（也可不带屏蔽，是否带屏蔽取决于环境条件）；不带中继时每分段可连接 32 个站，带中继时可多到 127 个站。

RS485 传输设备安装要点：全部设备均与总线连接；每个分段上最多可接 32 个站（主站或从站）；每段的头和尾各有一个总线终端电阻，确保操作运行不发生误差；两个总线终端电阻必须一直有电源；当分段站超过 32 个时，必须使用中继器用以连接各总线段，串联的中继器一般不超过 4 个；一旦设备投入运行，全部设备均需选用同一传输速率；电缆最大长度取决于传输速率。

采用 RS485 传输技术的 PROFIBUS 网络最好使用 9 针 D 型插头。当连接各站时，应确保数据线不要拧绞，系统在高电磁发射环境下运行应使用带屏蔽的电缆，提高电磁兼容性。如用屏蔽编织线和屏蔽箔，应在两端与保护接地连接，并通过尽可能大的面积屏蔽接线来覆盖，以保持良好的传导性。

2）IEC1157-2 传输技术

IEC1157-2 的传输技术用于 PROFIBUS-PA，能满足化工特别是石油化工业的使用要求。可保持其本质安全性，并通过总线对现场设备供电。IEC1157-2 是一种位同步协议，可进行无电流的连续传输，通常称为 H1 传输。

3）光纤传输技术

PROFIBUS 系统在电磁干扰很大的环境下应用时，可使用光纤导体传输，以增加高速传输的距离。可使用两种光纤导体：一种是价格低廉的塑料纤维导体，供距离小于 50 m 情况下使用；另一种是玻璃纤维导体，供距离小于 1 km 情况下使用。

许多厂商提供专用总线插头将 RS485 信号转换成光纤导体信号或将光纤导体信号转换成 RS485 信号。

17.1.3　PROFIBUS-DP 基本功能

PROFIBUS-DP 用于现场设备级的高速数据传送，主站周期地读取从站的输入信息并周期地向从站发送输出信息。总线循环时间必须要比主站（PLC）程序循环时间短。除周期性用户数据传输外，PROFIBUS-DP 还提供智能化设备所需的非周期性通信以进行组态、诊断和报警处理。

1.PROFIBUS-DP 基本特征

PROFIBUS-DP 采用 RS485 双绞线、双线电缆或光缆传输，传输速率为 9.6 Kbps~12 Mbps。各主站间令牌传递，主站与从站间为主 - 从传送。支持单主或多主系统，总线上最多站点（主 - 从设备）数为 126。采用点对点（用户数据传送）或广播（控制指令）通信。循环主 - 从用户数据传送和非循环主 - 主数据传送。控制指令允许输入和输出同步。同步模式为输出同步，锁定模式为输入同步。

每个 PROFIBUS-DP 系统包括 3 种类型设备：第一类 DP 主站（DPM1）、第二类 DP 主站（DPM2）和 DP 从站。DPM1 是中央控制器，它在预定的周期内与分散的站（如 DP 从站）交换信息。典型的 DPM1 如 PLC、PC 等；DPM2 是编程器、组态设备或操作面板，在 DP 系统组态操作时使用，完成系统操作和监视目的；DP 从站是进行输入和输出信息采集和发送的外围设备，是带二进制值或模拟量的 I/O 设备、驱动器、阀门等。

经过扩展的 PROFIBUS-DP 诊断能对故障进行快速定位。诊断信息在总线上传输并由主站采集。诊断信息分 3 级：本站诊断操作，即本站设备的一般操作状态，如温度过高、压力过低；模块诊断操作，即一个站点的某具体 I/O 模块故障；通道诊断操作，即一个单独输入 / 输出位的故障。

2.PROFIBUS-DP 系统配置

在同一总线上最多可连接 126 个站点。系统配置的描述包括站数、站地址、输入 / 输出地址、输入 / 输出数据格式、诊断信息格式及所使用的总线参数。

PROFIBUS–DP 单主站系统中，在总线系统运行阶段，只有一个活动主站。

PROFIBUS–DP 多主站系统中总线上连有多个主站。总线上的主站与各自从站构成相互独立的子系统。

3.PROFIBUS-DP 系统行为

PROFIBUS–DP 系统行为主要取决于 DPM1 的操作状态，这些状态由本地或总线的配置设备所控制，主要有运行、清除和停止 3 种状态。在运行状态下，DPM1 处于输入和输出数据的循环传输，DPM1 从 DP 从站读取输入信息并向 DP 从站写入输出信息；在清除状态下，DPM1 读取 DP 从站的输入信息并使输出信息保持在故障安全状态；在停止状态下，DPM1 和 DP 从站之间没有数据传输。

DPM1 设备在一个预先设定的时间间隔内，以有选择的广播方式将其本地状态周期性地发送到每一个有关的 DP 从站。如果在 DPM1 的数据传输阶段中发生错误，DPM1 将所有相关的 DP 从站的输出数据立即转入清除状态，而 DP 从站将不再发送用户数据。在此之后，DPM1 转入清除状态。

4.DPM1 和 DP 从站间的循环数据传输

DPM1 和相关 DP 从站之间的用户数据传输是由 DPM1 按照确定的递归顺序自动进行。在对总线系统进行组态时，用户对 DP 从站与 DPM1 的关系作出规定，确定哪些 DP 从站被纳入信息交换的循环周期，哪些被排斥在外。

DMP1 和 DP 从站之间的数据传输分为参数设定、组态和数据交换 3 个阶段。在参数设定阶段，每个从站将自己的实际组态数据与从 DPM1 接收到的组态数据进行比较。只有当实际数据与所需的组态数据相匹配时，DP 从站才进入用户数据传输阶段。因此，设备类型、数据格式、长度以及输入 / 输出数量必须与实际组态一致。

5.DPM1 和系统组态设备间的循环数据传输

除主 – 从功能外，PROFIBUS–DP 允许主 – 主之间的数据通信，这些功能使组态和诊断设备通过总线对系统进行组态。

6. 同步和锁定模式

除 DPM1 设备自动执行的用户数据循环传输外，DP 主站设备也可向单独的 DP 从站、一组从站或全体从站同时发送控制命令，这些命令通过有选择的广播命令发送。使用这一功能将打开 DP 从站的同级锁定模式，用于 DP 从站的事件控制同步。

主站发送同步命令后，所选的从站进入同步模式。在这种模式中，所编址的从站输出数据锁定在当前状态下。在这之后的用户数据传输周期中，从站存储接收到的输出数据，且数据的输出状态保持不变；当接收到下一同步命令时，所存储的输出数据才发送到外围设备上。用户可通过非同步命令退出同步模式。

锁定控制命令使得编址的从站进入锁定模式。锁定模式将从站的输入数据锁定在当前状态下，直到主站发送下一个锁定命令时才可以更新。用户可以通过非锁定命令退出锁定模式。

7. 保护机制

对 DP 主站 DPM1 使用数据控制定时器对从站的数据传输进行监视。每个从站都采用独立的控制定时器，在规定的监视间隔时间中，如数据传输发生差错，定时器就会超时，一旦发生超时，用户就会得到这个信息。如果错误自动反应功能"使能"，DPM1 将脱离操作状态，并将所有关联从站的输出置于故障安全状态，并进入清除状态。

17.1.4 ▶ PROFIBUS 控制系统的几种形式

根据现场设备是否具备 PROFIBUS 接口，控制系统分为总线接口型、单一总线型、混合型 3 种形式。

（1）总线接口型现场设备不具备 PROFIBUS 接口，采用分散式 I/O 作为总线接口与现场设备连接。这种形式在应用现场总线技术初期容易推广。如果现场设备能分组，组内设备相对集中，这种模式会更好地发挥现场总线技术的优点。

（2）单一总线型现场设备都具备 PROFIBUS 接口，可使用现场总线技术，实现完全的分布式结构，充分获得这一先进技术所带来的便利。目前来看，这种方案设备成本会较高。

（3）混合型现场设备部分具备 PROFIBUS 接口，混合型控制系统的应用相当普遍，是一种灵活的集成方案。混合型控制系统应采用 PROFIBUS 接口加分散式 I/O 混合使用。无论是旧设备改造还是新建项目，全部使用具备 PROFIBUS 接口现场设备的场合可能不多，分散式 I/O 可作为通用的现场总线接口。

根据实际应用需要及经费情况，通常有以下 6 种结构类型。

（1）结构类型 1 以 PLC 或控制器做一类主站，不设监控站，但调试阶段配置一台编程设备。这种结构类型的 PLC 或控制器完成总线通信管理、从站数据读写、从站远程参数化工作。

（2）结构类型 2 以 PLC 或控制器做一类主站，监控站通过串口与 PLC 一对一连接。这种结构类型监控站不在 PROFIBUS 网上，不是二类主站，不能直接读取从站数据和完成远程参数化工作。监控站所需的从站数据只能从 PLC 控制器中读取。

（3）结构类型 3 以 PLC 或其他控制器做一类主站，监控站（二类主站）连接 PROFIBUS 总线上。这种结构类型监控站在 PROFIBUS 网上做二类主站，可完成远程编程、参数化及在线监控功能。

（4）结构类型 4 使用 PC 加 PROFIBUS 网卡做一类主站，监控站与一类主站一体化。这种结构类型的控制系统成本低，但 PC 应选用具有高可靠性、能长时间连续运行的工业级 PC。对于这种结构类型的控制系统，PC 故障将导致整个系统瘫痪。另外，通信厂商通常只提供一个模板的驱动程序，总线控制、从站控制程序、监控程序可能要由用户开发，因此应用开发工作量会较大。

（5）结构类型 5 采用坚固式 PC（OMOPACTCOMPUTER）＋ PROFIBUS 网卡＋SOFTPLC 的结构形式。由于采用坚固式 PC，系统可靠性大大增强。但这种类型的控制系统是一台监控站与一类主站一体化控制器工作站，要求它的软件完成如下功能：主站应用程序的开发、编辑、调试，执行应用程序，从站远程参数化设置，主 / 从站故障报警及记录，监控程序的开发、调试，设备在线图形监控、数据存储及统计、报表等。

近来出现一种称为 SOFTPLC 的软件产品，是将通用型 PC 改造成一台由软件（软逻辑）实现的 PLC。这种软件将 PLC 的编程及应用程序运行功能和操作员监控站的图形监控开发、在线监控功能集成到一台坚固式 PC 上，形成一个 PLC 与监控站一体的控制器工作站。

（6）结构类型 6 使用两级网络结构，这种类型的控制系统充分考虑了未来扩展需要，比如要增加几条生产线即扩展出几条 DP 网络，车间监控要增加几个监控站等，都可以方便进行扩展。

17.1.5 PROFIBUS 总线插头及终端电阻

插头与终端电阻在 PROFIBUS 通信中有着非常重要的作用，它们使用起来非常简单，无很多复杂的设置。但是正是由于使用简单，使得很多人在使用当中忽略了一些细节，导致出现很多通信问题。

1.PROFIBUS 插头的结构及其简单用法

如图 17-2 所示是常见的 PROFIBUS 插头结构，如果我们有 A、B 两个站点要进行 PROFIBUS 通信，应该如何连接插头呢？

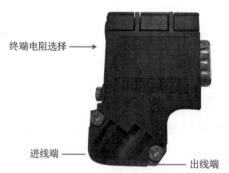

终端电阻选择

进线端   出线端

图 17-2 PROFIBUS 插头结构

正确的做法是两个插头都连接进线端，如图 17-3 所示。因为终端电阻与插头的出线端是 2 选 1 的。终端电阻置 ON，进线端连接终端电阻，断开与出线端的连接；终端电阻置 OFF，进线端断开与终端电阻的连接，连接出线端。

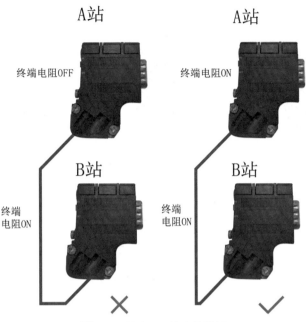

图 17-3 两个 DP 站点的连接

2. 常见的 PROFIBUS 总线连接

图 17-4 所示的是常见的 PROFIBUS 总线连接方法，主站位于总线的一端，终端电阻置 ON。然后依次连接后面的站点，中间的站点终端电阻置 OFF，最后面的站点终端电阻置 ON。

有时候由于现场设备分布的原因，主站也可以安装在 PROFIBUS 总线的中间，具体做法如图 17-5 所示。

终端电阻置 ON 的设备不能断电，如图 17-6 所示 PROFIBUS 插头上除了 220 Ω 的终端电阻以外还有两个 390 Ω 的偏置电阻，并且偏置电阻上必须连接电源。

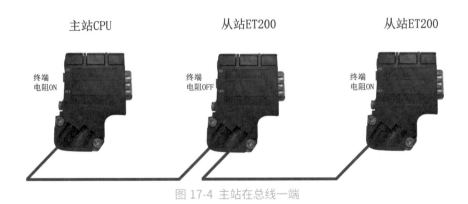

图 17-4 主站在总线一端

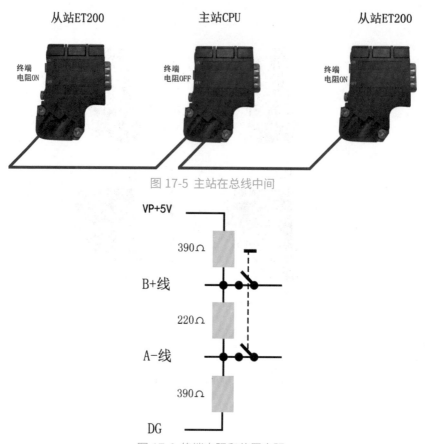

图 17-5 主站在总线中间

图 17-6 终端电阻和偏置电阻

17.1.6 网络连接器

　　利用西门子公司提供的网络连接器可以很容易地把多个设备连到网络中。两个连接器都有两组螺钉连接端子，可以用来连接输入电缆和输出电缆。通过网络连接器上的选择开关可以对网络进行偏置和终端匹配。两个连接器中的一个连接器仅提供连接到 CPU 的接口，而另一个连接器增加了一个编程接口。带有编程接口的连接器可以把 SIMATIC 编程器或操作面板连接到网络中，而不用改动现有的网络连接。编程口连接器把 CPU 发来的信号传到编程口（包括电源引线），该连接器对连接由 CPU 供电的设备（例如 TD200 或 OP3）比较适用。RS485 网络，特别是 PROFIBUS 网络两端的连接器都必须接入终端电阻，而接入终端电阻后，输出端后面的网段就被隔离了，所以整个 PROFIBUS 网络的每个末端的连接器都必须使用输入端。连接器的结构及使用如图 17-7 所示。

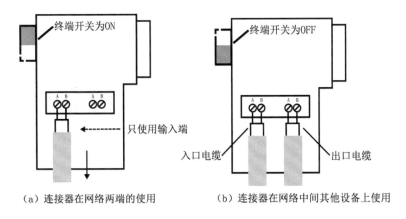

（a）连接器在网络两端的使用　　　（b）连接器在网络中间其他设备上使用

图 17-7 RS485 连接器的结构及使用

17.1.7　网络中继器

利用中继器可以延长网络通信距离，允许在网络中加入设备，并且提供了一个隔离不同网络环的方法。在一个串联网络中，最多可以使用 9 个中继器，但是网络的总长度不能超过 9600 m。在 9600 kbps 的波特率下，50 m 距离之内，一个网段最多可以连接 32 个设备。

17.2　西门子 S7-300 PLC 的 PROFIBUS-DP 通信案例

17.2.1　两台西门子 S7-300 PLC 的 PROFIBUS-DP 通信

本案例用一台西门子 S7–300 PLC 作为主机，另一台作为从机。

要求：主机的 8 个按钮（IB0）控制从机的 8 个灯（QB0），从机的 8 个按钮（IB0）控制主机的 8 个灯（QB0）。

设备：2 台西门子 S7–300 PLC，设备 1 型号为 CPU313C–2DP，在本案例中设置为主站，另外一台型号为 CPU315–2DP，在本案例中设置为从站。

1. 主要软硬件

（1）一套 STEP7 V5.5。

（2）一台 CPU313C–2DP PLC，一台 CPU315–2DP PLC。

（3）一根 PC/MPI 电缆。

（4）一根 PROFIBUS 网络电缆。

（5）两个 PROFIBUS 总线连接器。

2. 网络总线接线图

网络总线接线如图 17-8 所示。

图 17-8 PROFIBUS 现场总线硬件配置

3. 硬件组态

1）新建项目

打开桌面图标 ，弹出如图 17-9（a）所示对话框，点击"文件"，选择"新建"，新建项目，项目名称命名为 300-300 Profibus，如图 17-9（b）所示。

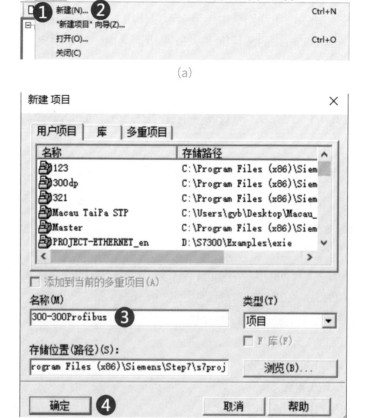

（a）

（b）

图 17-9 新建项目

2）插入站点

右键点击新建的项目"300-300 Profibus"→选择"插入新对象"→"SIMATIC 300 站点"，如图 17-10 所示。

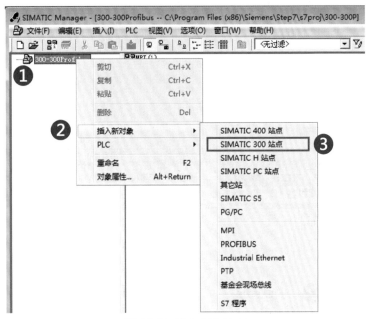

图 17-10 插入 300 站点

3）重命名站点

右键重命名站点名称为"Master"，步骤如图 17-11 所示。

图 17-11 项目重命名

重命名完成后如图 17-12 所示。

图 17-12 重命名完成

4）添加 Slave 从站

用同样的方法添加从站，命名为"Slave"。

（1）插入站点，步骤如图 17-13 所示。

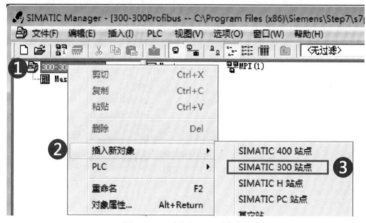

图 17-13 插入 300 站点

（2）重命名站点，将从站点重命名为"Slave"，步骤如图 17-14 所示。

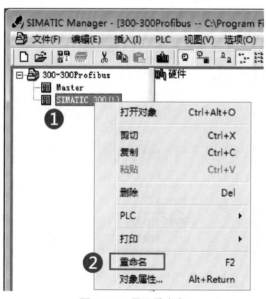

图 17-14 项目重命名

（3）重命名完成后如图 17-15 所示。

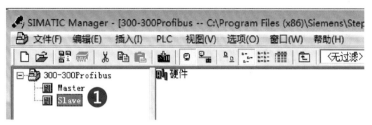

图 17-15 从站项目重命名完成

5）插入机架

点击"Slave"→双击"硬件"→点击"SIMATIC300"→"RACK-300"→将"Rail"
拖到右侧的空白区域，如图 17-16 所示。

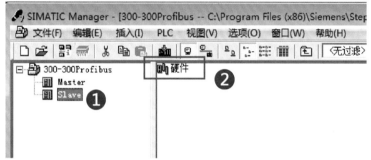

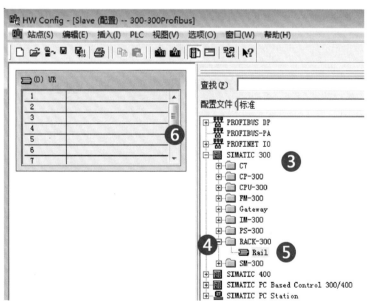

图 17-16 组态机架

6）插入 CPU

点击"SIMATIC300"→"CPU300"→"CPU 313C-2 DP"，将"6ES7 313-6CE01-
0AB0"拖到机架的 2 号槽，如图 17-17 所示。

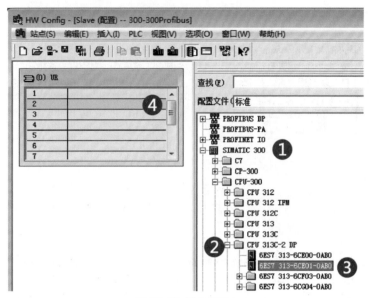

图 17-17 插入 CPU

7）建立网络

拖放 CPU 到 2 号槽后，弹出如图 17-18 所示对话框，在对话框中修改参数。

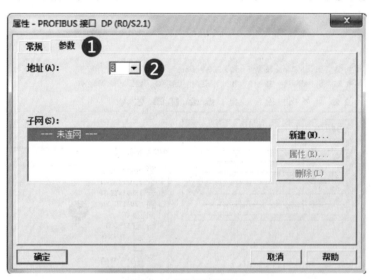

图 17-18 配置硬件地址

（1）在"参数"页中修改站点，选择 3 号站点。

（2）新建 PROFIBUS 网络。点击"新建"按钮，弹出如图 17-19 所示对话框，选择网络设置，将传输率设置为 187.5Kbps，"配置文件"选择"DP"。

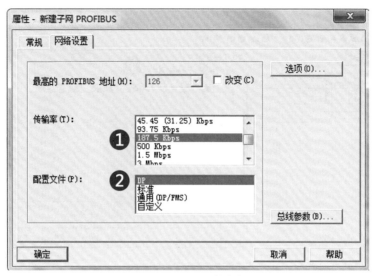

图 17-19 设置硬件参数

8）选择工作模式

双击 CPU 的 DP 端口，弹出 DP 属性对话框，在"工作模式"页中，点选"DP 从站"，如图 17-20 所示。

图 17-20 设置工作模式

9）组态接收区和发送区的数据

在第 8 步的对话框中，选择"组态"页，弹出如图 17-21 所示对话框，单击"新建"按钮。

图 17-21 建立组态

10）分配接收发送数据区

（1）组态输入地址区。"地址类型"中选择"输入"，"地址"设置为"20"，最后点击"应用"按钮，如图 17-22 所示。注意：这里的地址不要和硬件组态的 IO 地址重复。

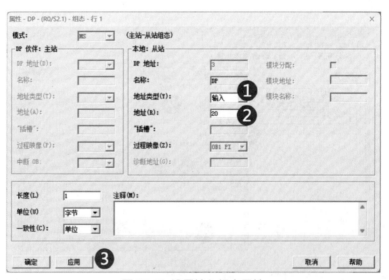

图 17-22 设置输入组态属性

（2）组态输出地址区。组态输出区地址和组态输入区的方法一致，具体步骤如下：双击"DP"，弹出"DP 属性"对话，在"组态"页中，选择"新建"，弹出如图 17-23 所示对话框。分配输出地址区，在"地址类型"中选择"输出"，"地址"设置为"20"，最后点击"应用"。注意：这里的地址不要和硬件组态的 IO 地址重复。

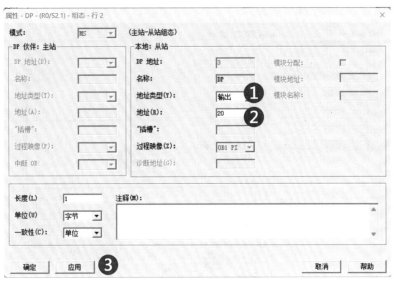

图 17-23 设置输出组态属性

（3）从站组态完成后如图 17-24 所示。

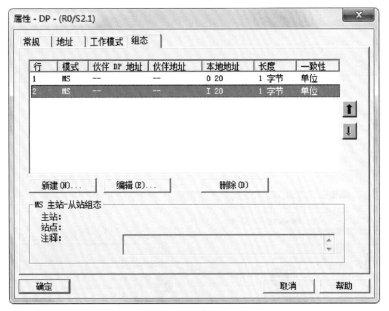

图 17-24 从站组态完成

11）主站的机架和 CPU 的组态

和从站的组态方法一样，这里不再重复，需要说明的是主站的 CPU 型号为 CPU315-2DP，订货号为 6ES7 315-2AFO2-0AB0，这里从分配主站的参数来讲解。

双击 CPU 的 DP，弹出 DP 属性对话框，选择"常规"页，点击"属性"→"参数"→修改站地址为 2→选择 PROFIBUS 网络→点击"确定"，如图 17-25 所示。

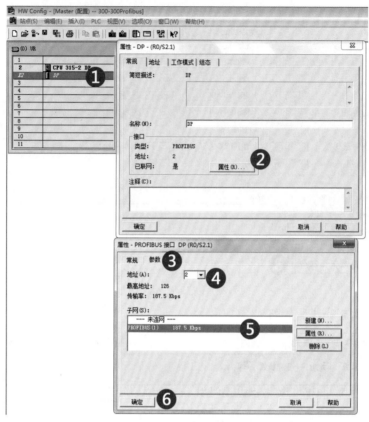

图 17-25 配置主站属性

12）组态从站

点击"PROFIBUS DP"→"Configured Stations"，将"CPU31x"拖到黑色总线上。步骤如图 17-26 所示。

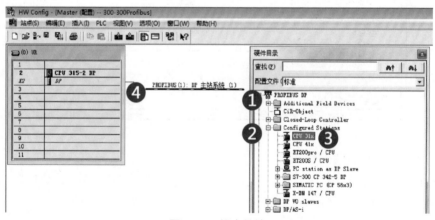

图 17-26 组态从站

13）配置从站的连接属性

在弹出的对话框中，选择"连接"页，点击"连接"按钮，操作步骤如图 17-27 所示。

图 17-27 配置从站的连接属性

14）组态主站和从站交换数据信息

双击 CPU31x 从站，选择"组态"，选中已经组态好的通信伙伴地址，点击"编辑"按钮，操作步骤如图 17-28 所示。

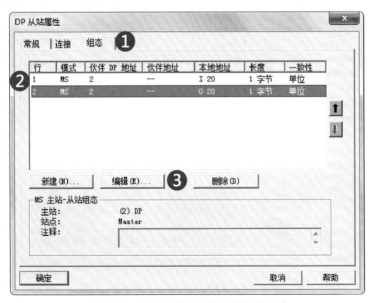

图 17-28 组态主站和从站交换数据信息

15）组态主站的输出

"地址类型"选择"输出"，"地址"设置为"20"，最后点击"应用"按钮，如图 17-29 所示。注意：这里的地址不要和硬件组态的 IO 地址重复。

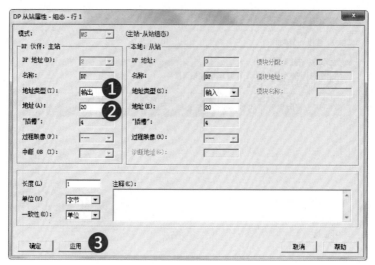

图 17-29 组态主站的输出

"地址类型"选择"输入","地址"设置为"20",最后点击"应用"按钮,如图 17-30 所示。注意:这里的地址不要和硬件组态的 IO 地址重复。

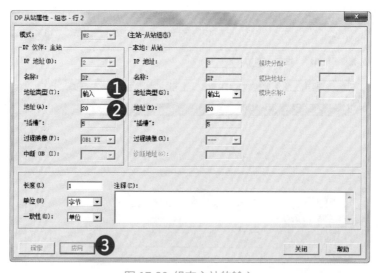

图 17-30 组态主站的输入

主站组态完成,如图 17-31 所示。

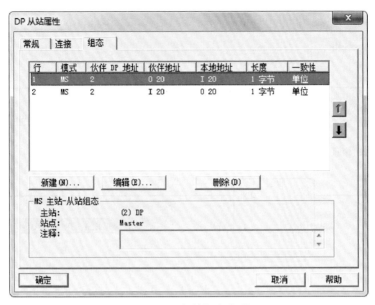

图 17-31 主站组态完成

在硬件配置组态界面，单击"🖳（保存）"按钮，保存和编译硬件组态。主站和从站的硬件组态完毕，分别进行下载。

4. 程序编写

从图 17-31 可以看出，主站和从站的数据对应关系如表 17-1 所示。

表 17-1 主站和从站交互信息

主站 315	对应关系	从站 313C
QB20	→	IB20
IB20	←	QB20

1）主站程序

第一步，打开主程序，西门子 S7-300 PLC 的主程序为 OB1，如图 17-32 所示。

图 17-32 打开主站 OB1

第二步，程序编写，如图 17-33 所示。

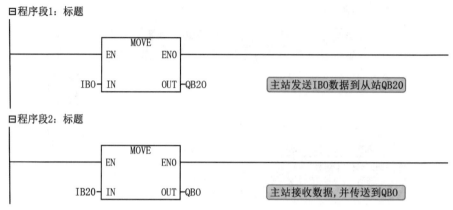

图 17-33 300 PLC 主站程序

2）从站程序

第一步，打开从站程序，300 PLC 的从站程序为 OB1，如图 17-34 所示。

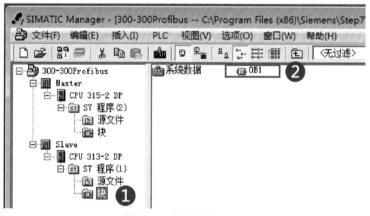

图 17-34 打开从站 OB1

第二步，程序编写，如图 17-35 所示。

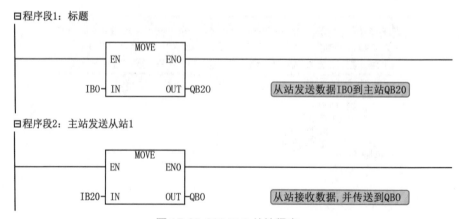

图 17-35 300 PLC 从站程序

主站和从站程序编写完成后，分别进行编译下载。在这里特别强调，下载硬件的时候一定要进行编译。

17.2.2 西门子 S7-300 PLC 一主多从的 PROFIBUS-DP 通信

前面讲解了一主一从的通信方式，在实际应用的过程会出现 3 台设备之间的通信，这时可以采用 MS 模式 (主从模式)，这种通信模式为一个主站和多个从站通信，主站依次轮询从站，主站轮询从站时，从站除了向主站发送数据外，同时向其他从站发送数据。

17.3 3 台西门子 S7-300 PLC PROFIBUS-DP 通信的案例要求

3 台设备型号均为 CPU315-2DP，在本案例中设置一台为主站，另外两台为从站。

1. 主要软硬件

（1）1 套 STEP7 V5.5。

（2）3 台 CPU315-2DP 的 PLC。

（3）1 根 PC/MPI 电缆。

（4）2 根 PROFIBUS 网络电缆。

（5）3 个 PROFIBUS 总线连接器。

2. 网络总线接线图

网络总线接线如图 17-36 所示。

图 17-36 PROFIBUS 现场总线硬件配置

3. 硬件组态

建立项目以及站点的方法，这里不再讲解。此处直接从配置硬件开始讲解。300 站点组态完成如图 17-37 所示。

图 17-37 300 站点组态完成

1）配置硬件组态，插入机架

选中从站"Slave"，双击"硬件"，弹出如图 17-38 所示界面，点击"SIMATIC 300"→"RACK-300"，将"Rail"拖到右侧的空白区域。详细步骤如图 17-38 所示。

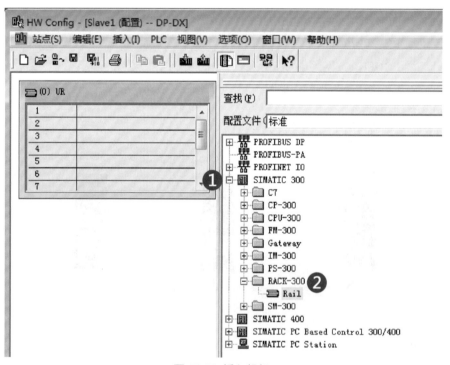

图 17-38 插入机架

2）插入 CPU

点击"SIMATIC 300"→"CPU-300"→"CPU 315-2 DP"→"6ES7 315-2AG10-0AB0"，将"V2.6"拖到机架的 2 号槽，如图 17-39 所示。

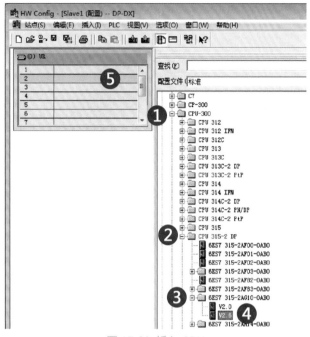

图 17-39 插入 CPU

3）建立网络

拖放 CPU 到 2 号槽后，弹出对话框，在对话框中修改参数。

（1）在"参数"页中修改站点，"地址"选择 3 号站点，如图 17-40 所示。

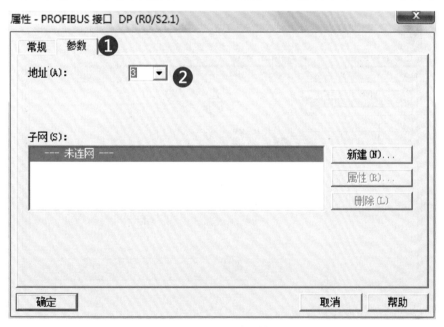

图 17-40 组态属性

（2）新建 PROFIBUS 网络。点击"新建"按钮，弹出"属性 – 新建子网"对话框，在"网络设置"页中，将"传输率"设为187.5 Kbps，"配置文件"选择"DP"，步骤如图17-41所示。

图 17-41 组态属性

4）选择工作模式

先双击 CPU 的 DP 端口，弹出 DP 属性对话框，在"工作模式"页，点选"DP 从站"，再点击"确定"按钮，步骤如图 17-42 所示。

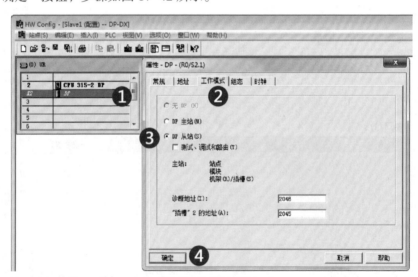

图 17-42 建立从站

5）组态接收区和发送区的数据

在第 4 步的对话框中，选择"组态"页，弹出如图 17-43 所示的对话框，点击"新建"按钮。

图 17-43 组态从站

6）分配接收发送数据区

组态输入地址区，"地址类型"选择"输入"，"地址"设置为"20"，最后点击"应用"按钮，步骤如图 17–44 所示。注意：这里的地址不要和硬件组态的 IO 地址重复。

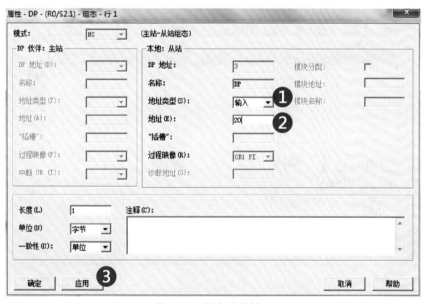

图 17-44 组态从站输入

组态输出地址区和组态输入区的组态方法一致，具体步骤如下：双击"DP"，弹出属性对话，点击"组态"页，选择"新建"；分配输出地址区，"地址类型"选择"输出"，"地址"设置为"20"，最后点击"应用"，如图 17–45 所示。注意：这里的地址不要和硬件组态的 IO 地址重复。

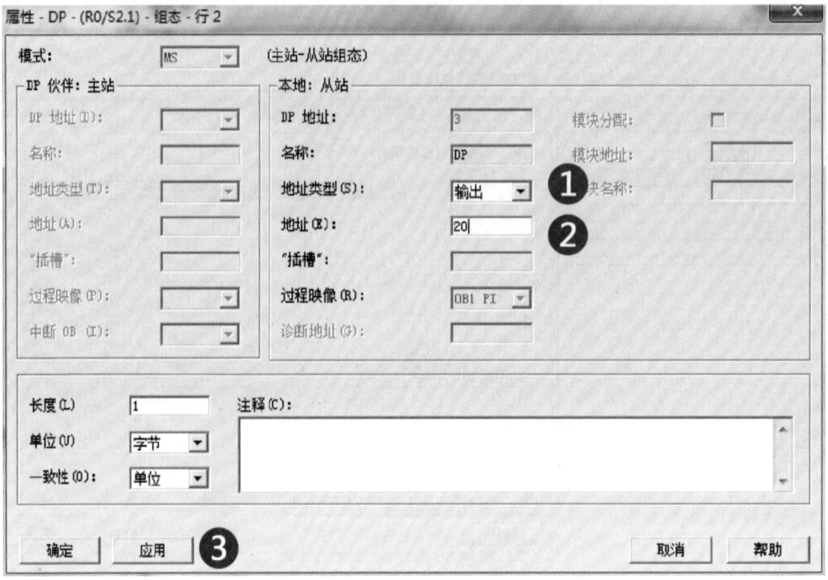

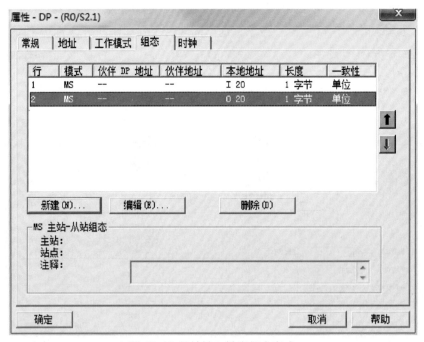

图 17-45 组态从站输出

从站组态完成如图 17-46 所示。

图 17-46 从站输入输出组态完成

7）主站的机架和 CPU 的组态方法

主站的机架和 CPU 的组态方法和从站的组态方法一样，这里不再重复，需要说明的是主站的 CPU 型号为 CPU315-2DP，订货号为 6ES7 315-2AG10-0AB0，这里从分配主站的参数来讲解。

双击 CPU 的 DP 端口，弹出 DP 属性对话框，选择"常规"页，点击"属性"按钮，在弹出的窗口中选择"参数"页，修改站地址为 2，子网选择 PROFIBUS 网络，点击"确定"按钮，步骤如图 17-47 所示。

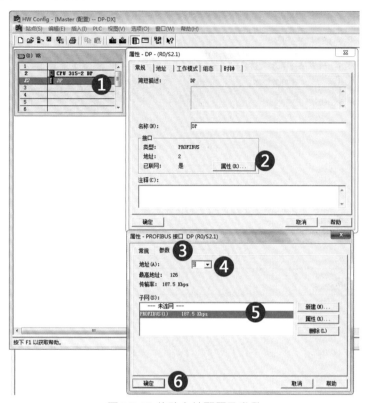

图 17-47 修改主站配置及参数

8）组态智能从站

点击"PROFIBUS DP"，点击"Configured Stations"文件夹，将"CPU 31X"拖到黑色总线上，步骤如图 17-48 所示。

图 17-48 插入 CPU 31X 从站

9）主站和从站连接

在弹出的对话框中，选择"连接"页，点击"连接"按钮，操作步骤如图 17–49 所示。

图 17-49 主站和从站连接

10）编辑主站

在 DP 属性对话框中，选择"组态"页，选中已经组态好的通信伙伴地址，点击"编辑"按钮，步骤如图 17–50 所示。

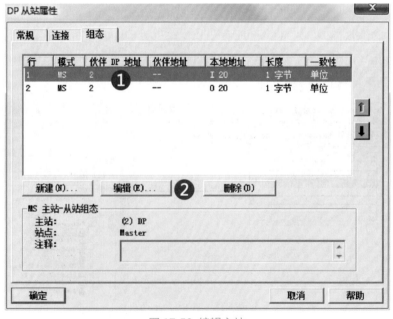

图 17-50 编辑主站

11）编辑主站输出

"地址类型"选择"输出"，"地址"设置为"20"，最后点击"应用"按钮，步骤如图 17–51 所示。注意：这里的地址不要和硬件组态的 IO 地址重复。

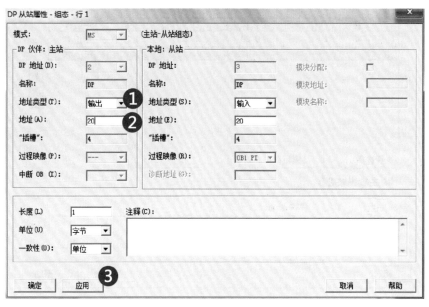

图 17-51 编辑主站输出

12）编辑主站输入

"地址类型"选择"输入"，"地址"设置为"20"，最后点击"应用"按钮，步骤如图 17–52 所示。注意：这里的地址不要和硬件组态的 IO 地址重复。

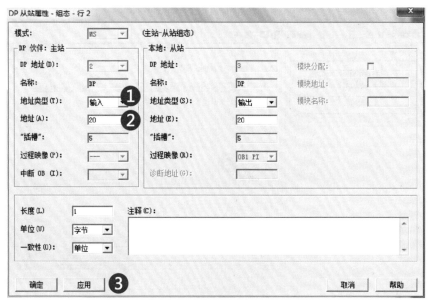

图 17-52 编辑主站输入

主站组态完成，如图 17-53 所示。

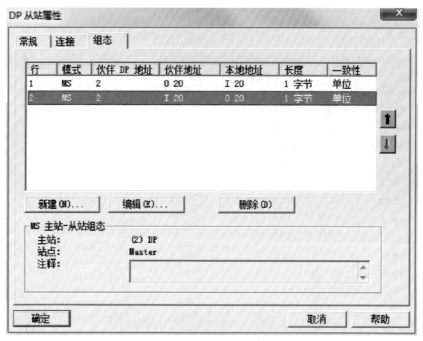

图 17-53 主站组态完成

13）配置从站 2

从站 2 的硬件配置和从站 1 的硬件配置完全一样，在配置从站的参数中稍有区别，这里从从站的配置参数讲解，如图 17-54 所示。

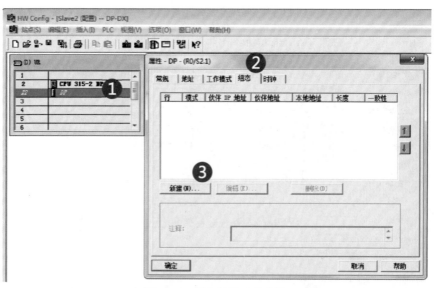

图 17-54 组态从站 2 的参数

（1）点击 "新建" 按钮，会弹出 DP 属性对话框，如图 17-55 所示，"模式" 选择

MS 通信，组态从站与主站之间的通信。

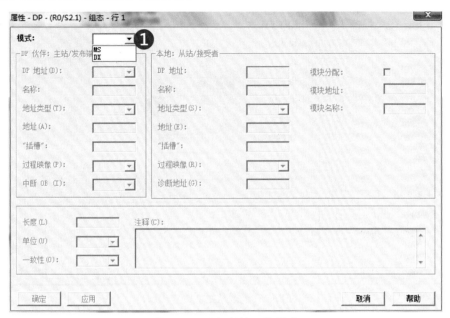

图 17-55 选择从站 2 的模式

（2）组态输入地址区，"地址类型"选择"输入"，"地址"设置为"50"，最后点击"应用"按钮，如图 17-56 所示。注意：这里的地址不要和硬件组态的 IO 地址重复。

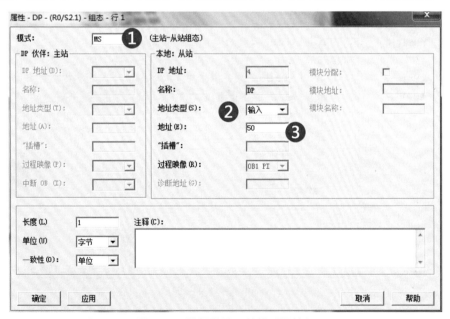

图 17-56 选择从站 2 的模式及输入

（3）组态输出地址区，"地址类型"选择"输出"，"地址"设置为"50"，最后点击"应用"按钮，如图 17-57 所示。注意：这里的地址不要和硬件组态的 IO 地址重复。

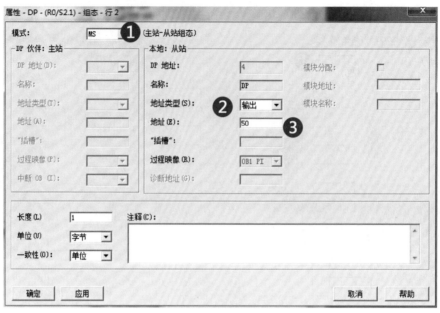

图 17-57 配置从站 2 的输出

（4）配置 DX 从站地址信息，"模式"选择为"DX"，DP 地址选择为"3"，发布端地址设为 20，接收者端地址设置为 60，步骤如图 17-58 所示。

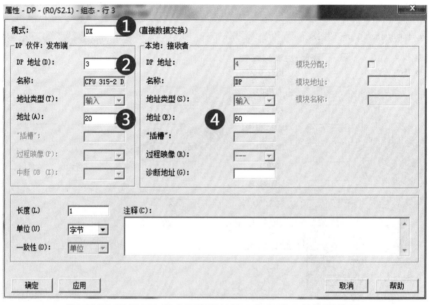

图 17-58 选择 DX 模式且配置从站 1 和从站 2 的交互数据

组态完成如图 17-59 所示。

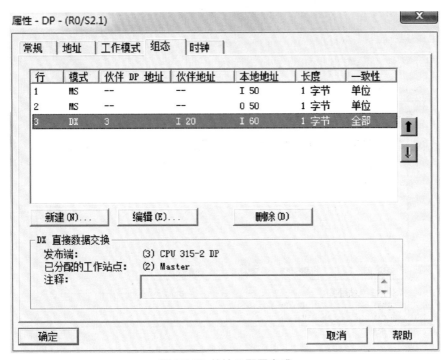

图 17-59 从站 2 配置完成

14）打开主站

打开 PROFIBUS DP，点击 "Configued Stations"，选择 CPU 31X，拖到 DP 主站上。在弹出的对话框中，选择 "连接" 页，点击 "连接" 按钮，详细步骤如图 17-60 所示。

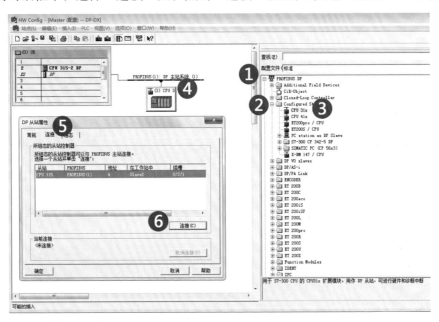

图 17-60 在主站中组态从站 2

15）编辑从站 2 与主站的交互数据

在 "DP 从站属性" 对话框中，选择 "组态" 页，选中已经组态好的通信伙伴地址，点击 "编辑" 按钮，操作步骤如图 17-61 所示。

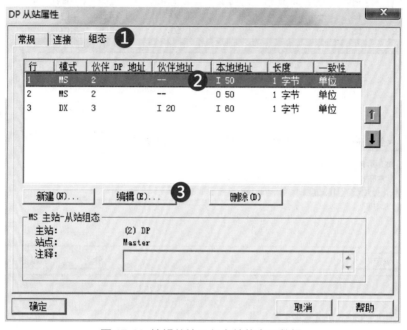

图 17-61 编辑从站 2 与主站的交互数据

16）编辑主站的输出数据

"地址类型" 选择 "输出"，"地址" 设置为 "50"，最后点击 "应用" 按钮，步骤如图 17-62 所示。注意：这里的地址不要和硬件组态的 IO 地址重复。

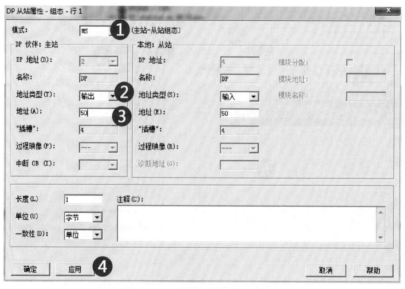

图 17-62 编辑主站的输出数据

17）编辑主站的输入数据

"地址类型"选择"输入"，"地址"设置为"50"，最后点击"应用"按钮，步骤如图 17-63 所示。注意：这里的地址不要和硬件组态的 IO 地址重复。

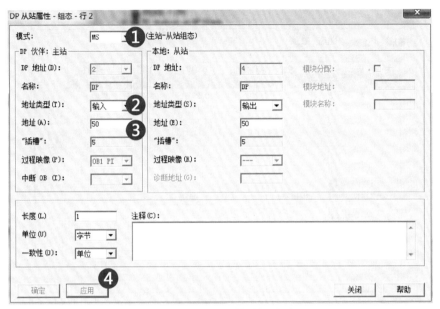

图 17-63 编辑主站的输入数据

18）从站组态完成

从站组态完成后如图 17-64 所示。

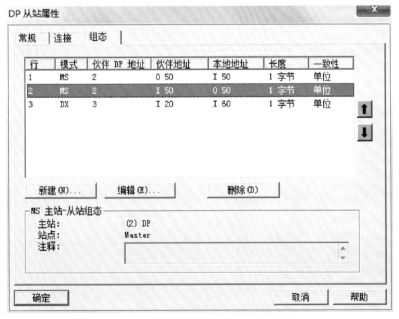

图 17-64 主站与从站 2 的配置完成

19）选择从站 1

双击从站地址 3 的子设备，弹出属性对话框，选择"组态"选项卡，点击"新建"按钮，步骤如图 17-65 所示。

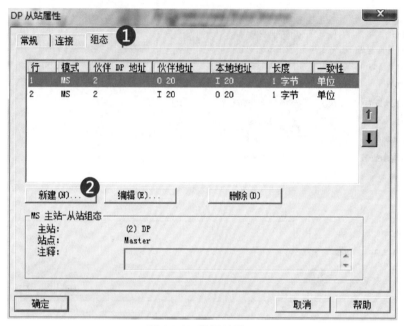

图 17-65 选择从站 1

20）配置从站与从站的交互信息

选择"模式"为 DX，DP 地址为"4"，发布端地址填写"50"，接受者地址填写"80"，步骤如图 17-66 所示。

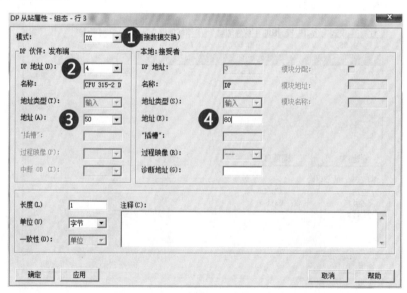

图 17-66 配置从站与从站的交互信息

21）从站组态完成

从站组态完成如图 17-67 所示。

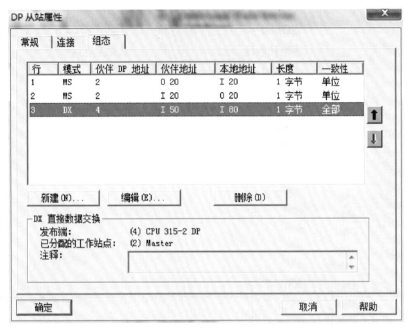

图 17-67 从站与从站组态完成

在硬件配置组态界面，点击"⬛（保存）"按钮，保存和编译硬件组态。主站和两个从站的硬件组态完毕。

4. 程序编写

主站与从站的数据分配如图 17-68、图 17-69 所示。

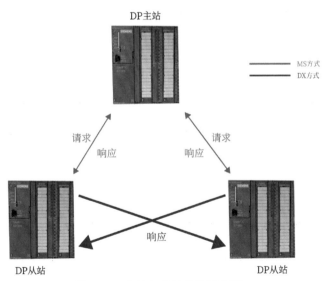

图 17-68 主站与从站的数据分配

MS 模式:

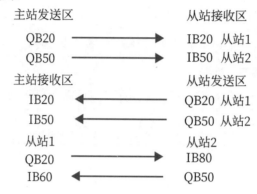

图 17-69 主站与从站 MS 模式

1）主站程序的编写

主站程序编写如图 17-70 所示。

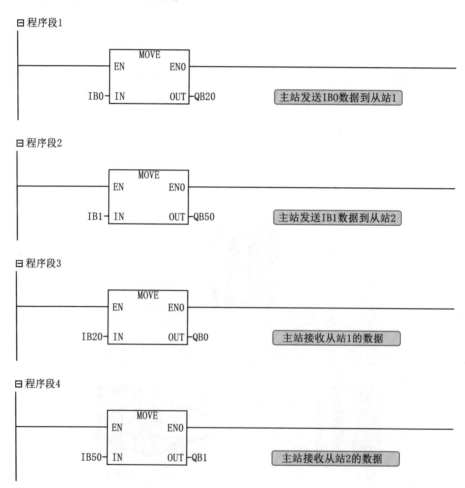

图 17-70 主站程序

2）从站 1 程序的编写

从站 1 程序编写如图 17-71 所示。

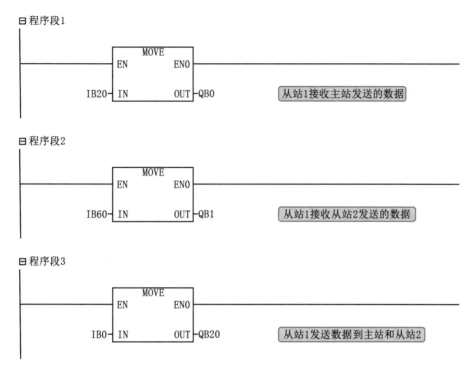

图 17-71 从站 1 程序

3）从站 2 程序的编写

从站 2 程序编写如图 17-72 所示。

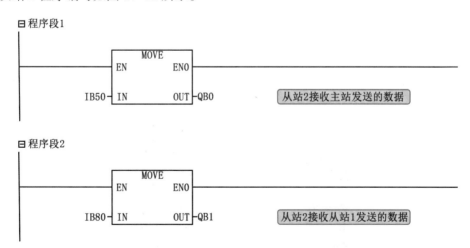

图 17-72 从站 2 程序

第18章

西门子 S7-300 PLC 与西门子 MM440 的 PROFIBUS-DP 通信

18.1 西门子 S7-300 PLC 与西门子 MM440 通信的案例要求

通过 PROFIBUS-DP 通信方式，西门子 S7-300 PLC 对西门子 MM440 变频器进行控制，实现对变频器的启动、停止、复位以及速度的控制。

1. 基本配置要求

（1）1 套 STEP7V5.5。

（2）1 台 CPU313C-2DP PLC。

（3）1 根 PC/MPI 电缆。

（4）1 根 PROFIBUS 网络电缆。

（5）1 个 PROFIBUS 总线连接器。

（6）MICROMSATER4 通信板。

（7）MM440 变频器 1 台。

（8）异步电机 1 台。

2. 硬件连接

西门子 S7-300 PLC 与西门子 MM440 采用 PROFIBUS 总线连接，如图 18-1 所示。

图 18-1 硬件 PROFIBUS 总线连接

18.2 西门子 MM440 简介及参数设置

1. 西门子 MM440 面板介绍

西门子 MM440 面板如图 18–2 所示。

SIEMENS
显示区域
反转键
启动键
停止键
功能键
增加键
减少键
点动键
确认键

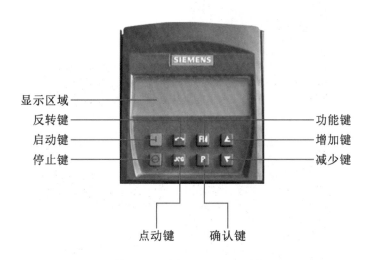

图 18-2 西门子 MM440 面板

面板修改参数的方法如图 18–3 所示。

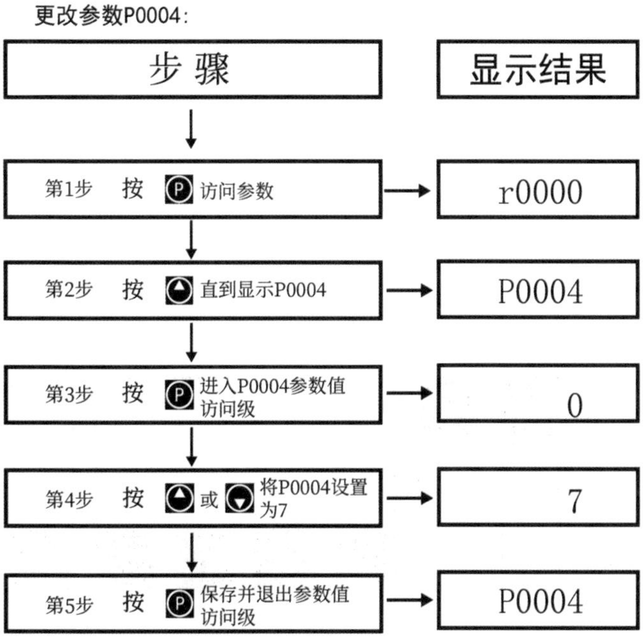

更改参数P0004:
步 骤
显示结果
第1步 按 P 访问参数
r0000
第2步 按 直到显示P0004
P0004
第3步 按 P 进入P0004参数值访问级
0
第4步 按 或 将P0004设置为7
7
第5步 按 P 保存并退出参数值访问级
P0004

图 18-3 西门子 MM440 面板修改参数方法

2. 西门子 MM440 变频器 PROFIBUS-DP 通信板

西门子 MM440 变频器 PROFIBUS–DP 通信板如图 18–4 所示。

图 18-4 西门子 MM440 变频器 PROFIBUS-DP 通信板

　　西门子 MM440 变频器 PROFIBUS 站地址的设置在变频器的通信板（CB）上完成，通信板上有一排拨钮用于设置地址，每个拨钮对应一个"8–4–2–1"码的数据，所有的拨钮处于"ON"位置对应的数据相加的和就是站地址，拨钮开关如图 18–5 所示，例如拨钮 1 和 2 处于"ON"位置，所以对应的数据为 1 和 2；而拨钮 3、拨钮 4、拨钮 5 和拨钮 6 处于"OFF"位置，所对应的数据为 0，站地址为 1+2+0+0+0+0+0=3。

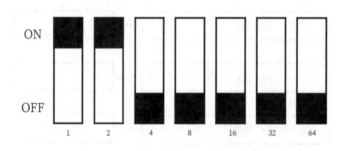

图 18-5 DP 通信板拨钮开关

3. 西门子 MM440 的外部接线

西门子 MM440 外部接线如图 18-6 所示。

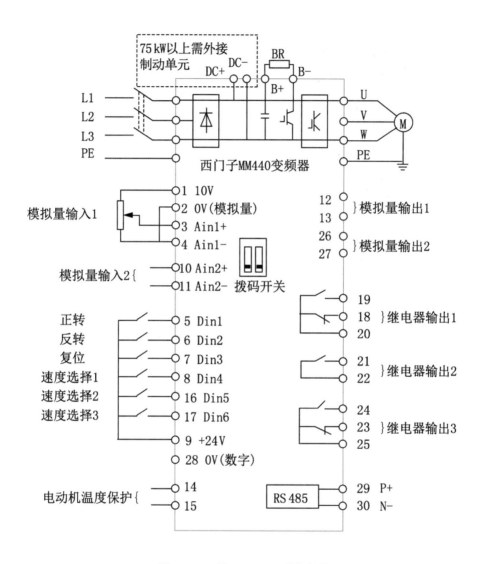

图 18-6 西门子 MM440 外部接线

4.PROFIBUS-DP 通信的参数设置

在变频器初次调试，或者参数设置混乱时，需要恢复出厂设置，以便于将变频器的参数值恢复到一个确定的默认值，恢复出厂设置的操作步骤如图 18-7 所示。PROFIBUS-DP 电机参数的设置如表 18-1 所示，通信参数的设置如表 18-2 所示。

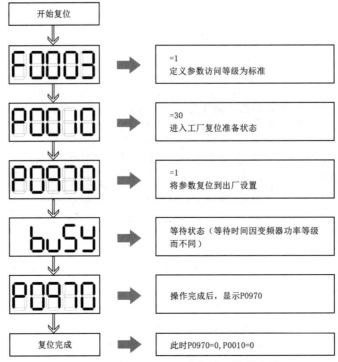

图 18-7 西门子 MM440 恢复出厂设置步骤

表 18-1 电动机参数

参数号	出厂值	设置值	说明
P0003	1	2	设定用户访问级为标准级
P0010	0	1	快速调试
P0100	0	0	功率以 kW 表示，频率为 50 Hz
P0304	230	220	电机额定电压（V）
P0305	3.25	1.93	电机额定电流（A）
P0307	0.75	0.37	电机额定功率（kW）
P0310	50	50	电机额定频率（Hz）
P0311	0	1400	电机额定转速（r/min）

表 18-2 通信参数设置

参数号	出厂值	设置值	说明
P0700	2	6	PROFIBUS（CB 通信板）
P918	3	7	PROFIBUS–DP 站地址
P1000	2	6	PROFIBUS（CB 通信板）
P2009	0	0	频率规格化

18.3 西门子 S7-300 PLC PROFIBUS-DP 通信的硬件组态

1. 新建项目，并添加 300 站点，组态机架和 CPU

（1）新建项目，如图 18-8 所示。

图 18-8 新建项目

（2）插入站点。右键"300-DP"→"插入新对象"→选择"SIMATIC 300 站点"，具体步骤如图 18-9 所示。

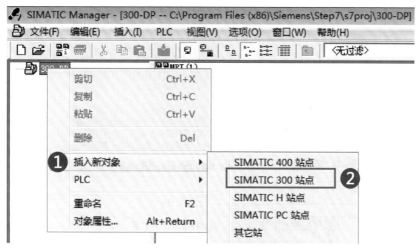

图 18-9 插入站点

（3）插入导轨。双击"硬件"，点击"SIMATIC 300（1）"，选择"RACK-300"，将"Rail"拖到右侧的空白区域。详细步骤如图 18-10 所示。

图 18-10 打开硬件并插入机架

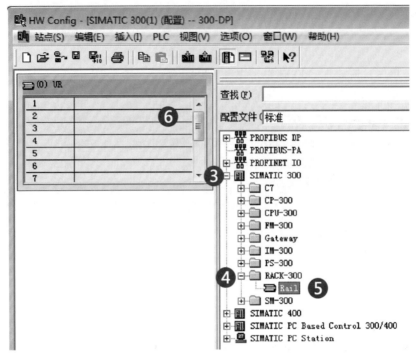

续图 18-10

（4）插入 CPU，点击"SIMATIC 300"→"CPU 300"→"CPU 313C–2DP"，将 6ES7 313–6CE01–0AB0 拖到机架的 2 号槽，弹出"属性 – PROFIBUS 接口 DP（R0/S2.1）"对话框，点击"确定"按钮。如图 18–11 所示。

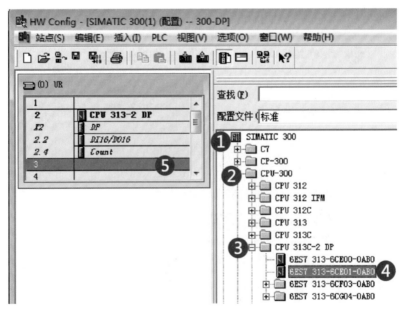

图 18-11 插入 CPU

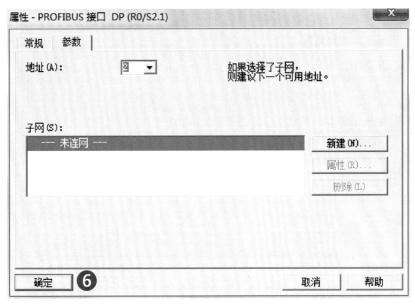

续图 18-11

2. 组态 Profibus-DP 总线网络

（1）双击 DP，弹出 DP 属性对话框，选择"常规"页，点击"属性"按钮，如图 18-12 所示。

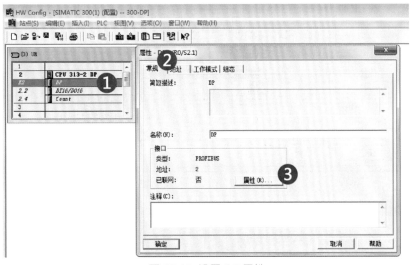

图 18-12 设置 DP 属性

（2）选择"参数"选项卡，在"子网"框中点击"新建"按钮，弹出子网属性对话框，选择传输率为 187.5 Kbps，配置文件选择 DP，点击"确定"按钮，如图 18-13 所示。

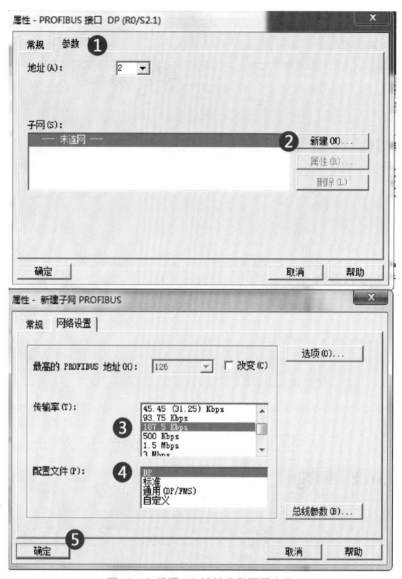

图 18-13 设置 DP 波特率和配置文件

点击"确定"按钮后，DP 总线网络如图 18-14 所示。

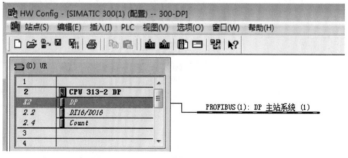

图 18-14 DP 属性文件配置完成

3. 配置 MM440 子网

（1）选中"PROFIBUS DP"，展开"SIMOVERT"，再双击"MICROMASTER 4"，如图 18-15 所示，弹出属性对话框。

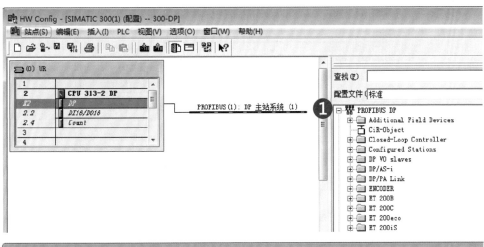

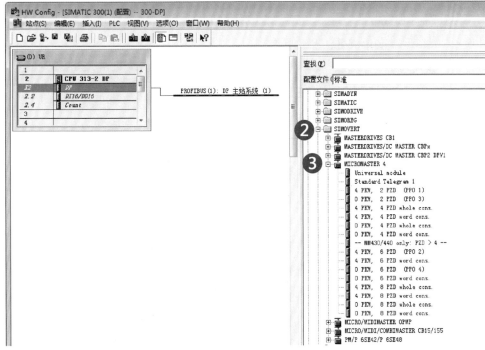

图 18-15 组态通信板

（2）在"属性"对话框中，设置 MM440 的站地址，先选中"PROFIBUS（1）"网络，再将地址设置为 3，最后单击"确定"按钮，如图 18-16 所示。

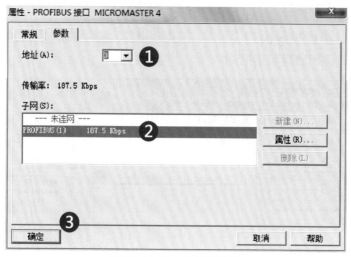

图 18-16 组态通信板地址

（3）选择通信报文的结构。PROFIBUS 的通信报文由两部分组成，即 PKW（参数识别 ID 数据区）和 PZD（过程数据区）。如图 18-17 所示，先选中"①"处，再双击"0PKW，2PZD（PP03）"，"0 PKW，2 PZD（PP03）"通信报文格式的含义是报文中没有 PKW，只有 2 个字的 PZD。

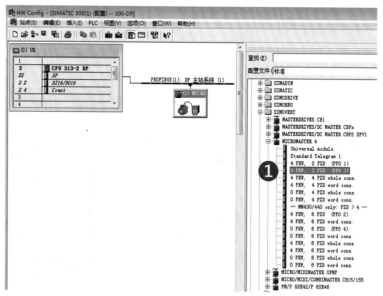

图 18-17 组态通信板与 MM440 控制字

（4）MM440 的数据地址。如图 18-18 所示，MM440 接收主站的数据存放在 IB256~IB259（共两个字），MM440 发送信息给主站的数据区在 QB256~QB259（共两个字）。最后，编译并保存组态完成的硬件。

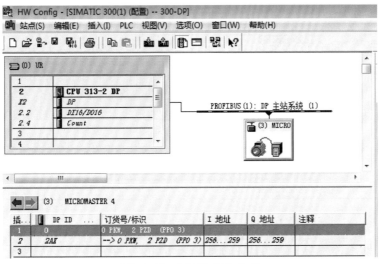

图 18-18 MM440 组态完成

18.4　西门子 S7-300 PLC 与西门子 MM440 变频器的 PROFIBUS-DP 通信报文

PZD 数据区分析如表 18–3 所示。

表 18-3 PZD 数据区分析

	PZD1	PZD2
主站 → 变频器	控制字 1	主设定值
变频器 → 主站	状态字 1	主实际值

1.PZD 报文介绍

任务报文的 PZD 区是为控制和检测变频器而设计的。PZD 的第一个字是变频器的控制字（STW）。变频器的控制字如表 18-4 所示。

表 18-4 变频器控制字

位	说明	应用	
		停止	启动
位 00	设定变频器到"准备运行"状态	0	1
位 01	OFF2；按照惯性自由停车	0（电机停止）	1
位 02	OFF3；快速停车	0（电机停止）	1
位 03	脉冲使能	0	1
位 04	斜坡函数发生器（RFG）使能	0	1
位 05	RFG 开始	0	1
位 06	设定值使能	0	1
位 07	故障确认	0	0
位 08	正向点动	0	0

续表

位	说明	应用	
		停止	启动
位 09	反向点动	0	0
位 10	由 PLC 进行控制	0	1
位 11	设置值反向	0	0
位 12	未使用	0	0
位 13	用电动电位计 MOP 升速	0	0
位 14	用电动电位计 MOP 降速		
位 15	本地 / 远程控制	0P7019 下标 0	1P7019 下标 1

2.PZD 的第二个字是变频器的主设定值（HSW）

这就是主频率设定值。有两种不同的设置方式，当 P2009 设置为 0 时，数值以十六进制形式发送，即 4000（hex）规格化为由 P2000（默认值为 50）设定的频率，4000 相当于 50 Hz。当 P2009 设置为 1 时，数值以十进制形式发送，即 4000（十进制）表示频率为 40.00 Hz。

3. 应答报文 PZD 介绍

应答报文 PZD 的第一个字是变频器的状态字（ZWS），变频器的状态字通常由参数 r0052 定义。变频器的状态字（ZSW）含义见表 18-5。

表 18-5 变频器状态字

位	说明	含义
位 00	变频器准备	0 否，1 是
位 01	变频器运行准备就绪	0 否，1 是
位 02	变频器正在运行	0 否，1 是
位 03	变频器故障	0 是，1 否
位 04	OFF2 命令激活	0 是，1 否
位 05	OFF3 命令激活	0 否，1 是
位 06	禁止接通	0 否，1 是
位 07	变频器报警	0 否，1 是
位 08	设定值 / 实际偏差过大	0 是，1 否
位 09	过程数据监控	0 否，1 是
位 10	已经达到最大频率	0 否，1 是
位 11	电机极限电流报警	0 是，1 否
位 12	电机抱闸制动投入	0 是，1 否
位 13	电机过载	0 是，1 否
位 14	电机正向运行	0 否，1 是
位 15	变频器过载	0 是，1 否

应答报文的 PZD 的第二个字是变频器的运行实际参数（HIW）。通常定义为变频器

的实际输出频率。其数值也由 P2009 进行规格化。

设定的额定频率 50.00 Hz 对应于 16#4000。如果设定频率 40.00 Hz, 则 PZD2（主设定值）的值为

$$PZD2=40.00/50.00*16\#4000=16\#3333$$

电机控制方式不同时控制字各个位的值：

启动：047F-----0000，0100，0111，1111。

停止：047E-----0000，0100，0111，1110。

反转：0C7F-----0000，1100，0111，1111。

18.5　西门子 S7-300 PLC 与西门子 MM440 变频器的 PROFIBUS-DP 通信案例

1. 案例要求

PLC 通过 PROFIBUS-DP 通信控制变频器。I0.0 启动正转变频器，I0.1 停止，I0.2 启动反转，I0.3 复位变频器故障。以 25 Hz 频率运行。

2.PLC 程序 I/O 分配

PLC 程序 I/O 分配如表 18-6 所示。

表 18-6 I/O 分配

输入	功能
I0.0	启动正转
I0.1	停止
I0.2	启动反转
I0.3	故障复位

3.PLC 程序

程序编写如图 18-19 所示。

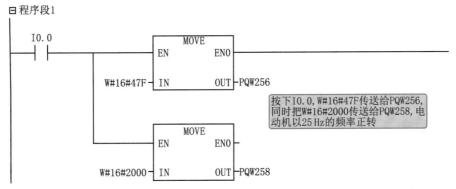

图 18-19 西门子 S7-300 PLC 与西门子 MM440 变频器 DP 通信的 PLC 程序

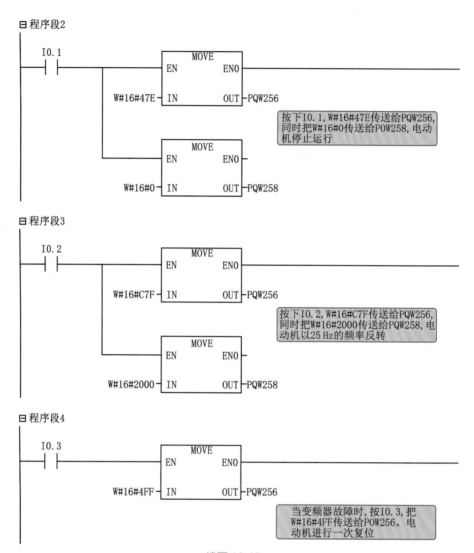

日 程序段2

按下I0.1, W#16#47E传送给PQW256, 同时把W#16#0传送给POW258, 电动机停止运行

日 程序段3

按下I0.2, W#16#C7F传送给PQW256, 同时把W#16#2000传送给PQW258, 电动机以25 Hz的频率反转

日 程序段4

当变频器故障时, 按I0.3, 把W#16#4FF传送给POW256。电动机进行一次复位

续图 18-19

第 19 章

西门子 S7-1500 PLC 与西门子 S7-1200 PLC 的 S7 通信

19.1 西门子 S7-1500 PLC 与 4 台西门子 S7-1200 PLC 的 S7 通信案例

19.1.1 案例要求

将 S7-1500 PLC 作为主站，4 台 S7-1200 PLC 作为从站，通过 S7 通信读取 4 台 S7-1200 中的温度值。

地址分配如表 19-1 所示。

表 19-1 地址分配

设备	地址	名称
S7-1500	DB1.DBD0	读取 1 号 S7-1200 中的温度值
	DB1.DBD4	读取 2 号 S7-1200 中的温度值
	DB1.DBD8	读取 3 号 S7-1200 中的温度值
	DB1.DBD12	读取 4 号 S7-1200 中的温度值
1 号 S7-1200	DB1.DBD0	1 号 S7-1200 中的温度值
2 号 S7-1200	DB1.DBD0	2 号 S7-1200 中的温度值
3 号 S7-1200	DB1.DBD0	3 号 S7-1200 中的温度值
4 号 S7-1200	DB1.DBD0	4 号 S7-1200 中的温度值

19.1.2 硬件配置

（1）S7-1500C CPU 1 个。

（2）S7-1200 CPU（1214C 带两路模拟量电压输入）4 个。

（3）PC（带以太网卡）1 个。

（4）以太网电缆。

（5）交换机 1 个。

19.1.3 西门子 S7-1500 PLC 与 4 台西门子 S7-1200 PLC 的 S7 通信接线

西门子 S7-1500 PLC 与 4 台西门子 S7-1200 PLC 的 S7 通信接线如图 19-1 所示。

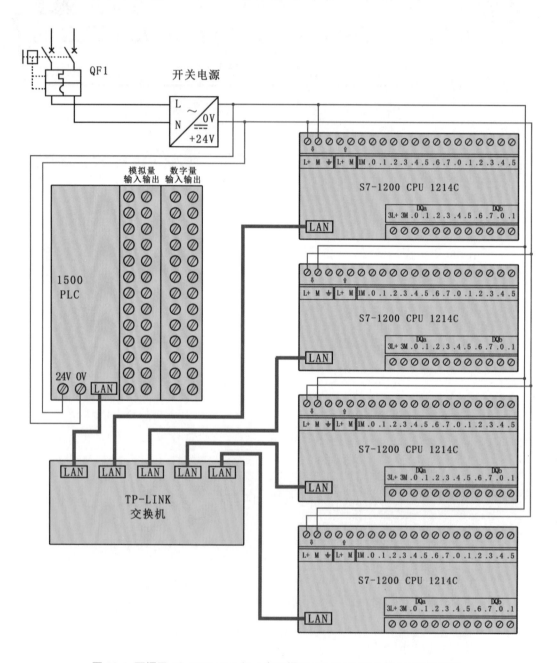

图 19-1 西门子 S7-1500 PLC 与 4 台西门子 S7-1200 PLC 的 S7 通信接线

西门子 S7–1500 PLC 与 4 台西门子 S7–1200 PLC 的 S7 通信接线实物如图 19–2 所示。

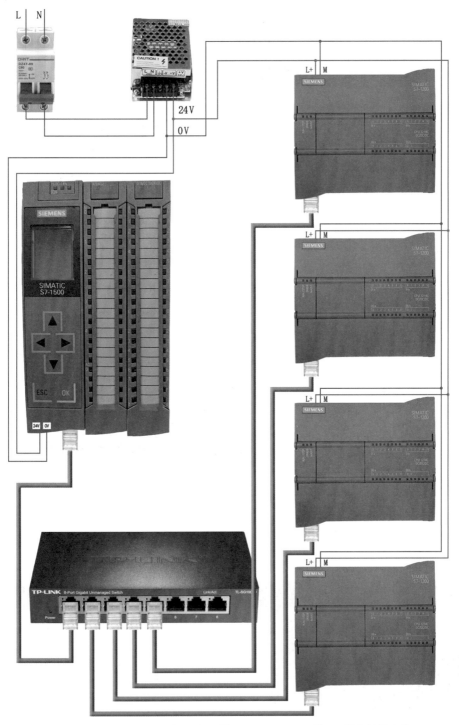

图 19-2 西门子 S7-1500 PLC 与 4 台西门子 S7-1200 PLC 的 S7 通信接线实物

西门子 S7-1200 PLC 与温度变送器的实物接线如图 19-3 所示。

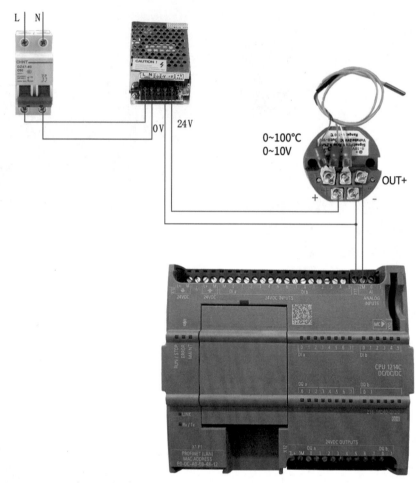

图 19-3 西门子 S7-1200 PLC 与温度变送器的实物接线

19.1.4 西门子 S7-1500 PLC 与 4 台西门子 S7-1200 PLC 的 S7 通信的组态

（1）打开软件并新建项目，如图 19-4 所示。

图 19-4 新建项目

（2）打开项目视图，如图 19-5 所示。

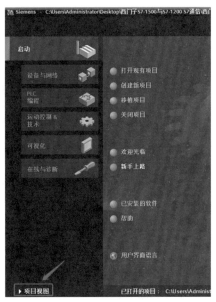

图 19-5 打开项目视图

（3）添加新设备 – 组态 PLC（此处选择的 PLC 与实际现场的 PLC 一致即可，1500
和 1200 的方法一致），如图 19-6 所示。

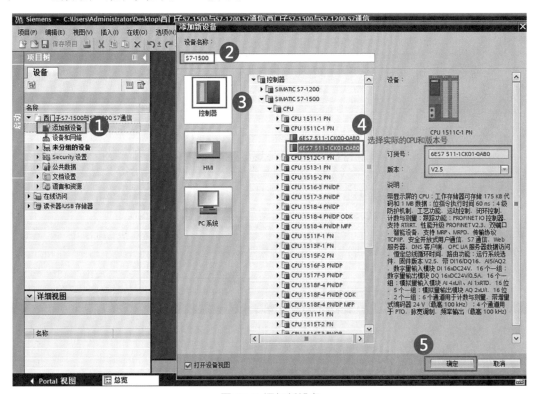

图 19-6 添加新设备

（4）根据上面的方法依次添加 4 台西门子 S7-1200 PLC，添加完成后如图 19-7 所示。

图 19-7 添加 4 台西门子 S7-1200 设备

（5）设置西门子 S7-1500 IP 地址，并添加子网设备，步骤如图 19-8 所示（此处 IP 地址为 192.168.0.10）。

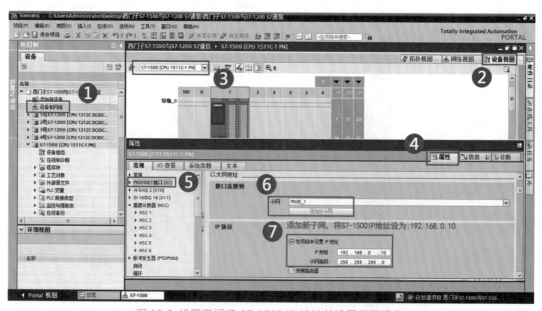

图 19-8 设置西门子 S7-1500 IP 地址并设置子网设备

（6）设置系统时钟时间，如图 19-9 所示。

图 19-9 设置系统时钟时间

（7）设置允许来自远程对象的 PUT/GET 通信访问，如图 19-10 所示。

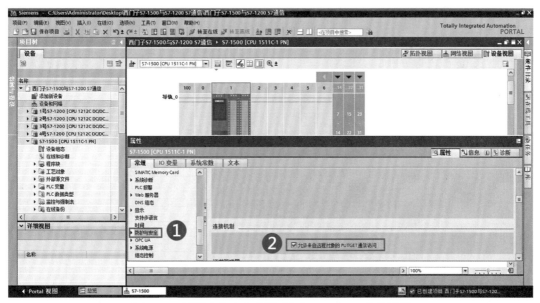

图 19-10 设置允许来自远程对象的 PUT/GET 通信访问

（8）添加 1 号 S7-1200 PLC，步骤如图 19-11 所示。

图 19-11 添加 1 号 S7-1200 PLC

（9）添加新连接，如图 19-12 所示。

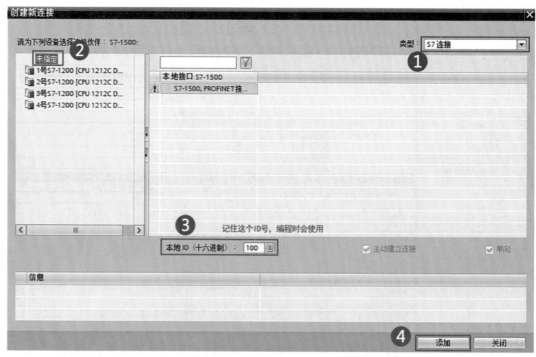

图 19-12 添加新连接

（10）设置网络连接（此步骤主要设置伙伴 PLC 的 IP 地址），如图 19-13 所示。

图 19-13 设置网络连接

（11）添加 2 号 S7-1200 PLC，步骤如图 19-14 所示。

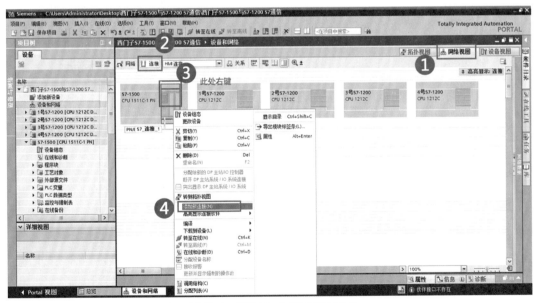

图 19-14 添加 2 号 S7-1200 PLC

（12）添加新连接，如图 19-15 所示。

图 19-15 添加新连接

（13）设置网络连接（此步骤主要设置伙伴 PLC 的 IP 地址），如图 19-16 所示。

图 19-16 设置网络连接

（14）3 号 S7–1200 PLC 与 4 号 S7–1200 PLC 的添加参考 1 号 S7–1200 PLC 与 2 号 S7–1200 PLC 的添加。将 3 号 S7–1200 PLC 的 IP 地址设为 192.168.0.3，将 4 号 S7–1200 PLC 的 IP 地址设为 192.168.0.4。

（15）定义通信数据。创建 S7–1500 端数据区，建立 DB 数据块，如图 19–17 所示。

(a)

(b)

图 19-17 创建 S7-1500 端数据区，建立 DB 数据块

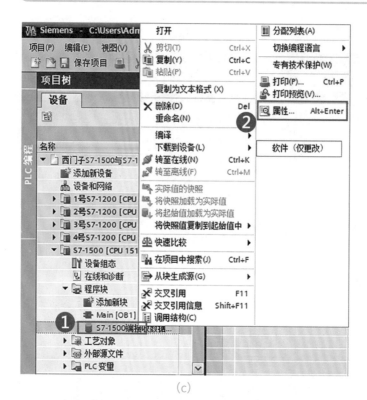

(c)

S7-1500端接收数据 [DB1]

常规 | 文本

常规
信息
时间戳
编译
保护 ❶
属性
下载但不重新初...

属性 _____

☐ 仅存储在装载内存中
☐ 在设备中写保护数据块
☐ 优化的块访问 ❷ 取消勾选优化的数据块
☑ 可从 OPC UA 访问 DB

❸ 确定 取消

(d)

续图 19-17

设置 1 号 S7–1200 IP 地址。步骤如图 19–18 所示（此处 IP 地址为 192.168.0.1）。

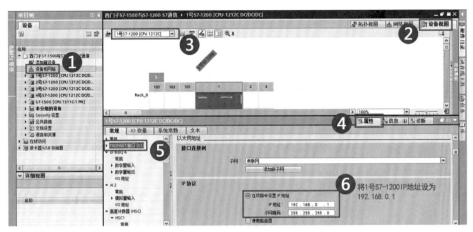

图 19-18 设置 1 号 S7-1200 IP 地址

设置系统时钟时间，如图 19-19 所示。

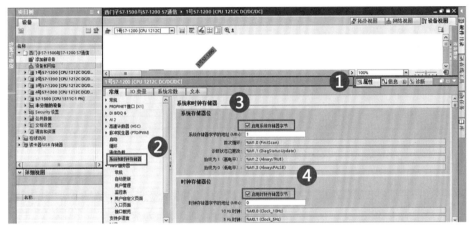

图 19-19 设置系统时钟时间

设置允许来自远程对象的 PUT/GET 通信访问，如图 19-20 所示。

图 19-20 允许来自远程对象的 PUT/GET 通信访问

定义 1 号 S7-1200 通信数据。创建 S7-1200 端数据区，建立 DB 数据块，如图 19-21 所示。

(a)

(b)

图 19-21 创建 S7-1200 端数据区，建立 DB 数据块

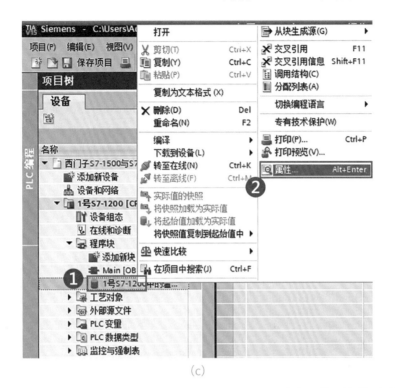

(c)

(d)

续图 19-21

　　2 号、3 号、4 号 S7-1200 的设置参考 1 号 S7-1200 的设置。将 2 号 S7-1200 的 IP 地址改为 192.168.0.2；将 3 号 S7-1200 的 IP 地址改为 192.168.0.3；将 4 号 S7-1200 的 IP 地址改为 192.168.0.4。

19.2 GET、PUT 指令介绍

GET 指令参数如表 19-2 所示。

表 19-2 GET 指令参数表

LAD	输入 / 输出	说明	数据类型
	EN	使能	BOOL
	REQ	在上升沿时激活数据交换功能	BOOL
	ID	用于指定与伙伴 CPU 连接的寻址参数	WORD
	ADDR_1	指向伙伴 CPU 上待读取区域的指针。指针 REMOTE 访问某个数据块时，必须始终指定该数据块 示例：P#DB10.DBX5.0 字节 10	REMOTE
	RD_1	指向本地 CPU 上用于输入已读数据的区域的指针	VARIANT
	NDR	状态参数 NDR： 0：作业尚未开始或仍在运行； 1：作业已成功完成	BOOL
	ERROR	是否出错：0 表示无错误，1 表示有错误	BOOL
	STATUS	故障代码	WORD

PUT 指令参数如表 19-3 所示。

表 19-3 PUT 指令参数表

LAD	输入 / 输出	说明	数据类型
	EN	使能	BOOL
	REQ	在上升沿时激活数据交换功能	BOOL
	ID	用于指定与伙伴 CPU 连接的寻址参数	WORD
PUT Remote - Variant EN　　ENO REQ　　DONE ID　　ERROR ADDR_1　　STATUS SD_1	ADDR_1	指向伙伴 CPU 上用于写入数据的区域的指针。指针 REMOTE 访问某个数据块时，必须始终指定该数据块 示例：P#DB10.DBX5.0 字节 10	REMOTE
	SD_1	指向本地 CPU 上包含要发送数据的区域的指针	VARIANT
	DONE	状态参数 DONE： 0 表示作业未启动，或者仍在执行之中； 1 表示作业已执行，且无任何错误	BOOL
	ERROR	是否出错：0 表示无错误，1 表示有错误	BOOL
	STATUS	故障代码	WORD

19.3 西门子 S7-1500 PLC 与西门子 S7-1200 PLC 的 S7 通信的 PLC 程序设计

西门子 S7-1500 PLC 程序设计如图 19-22 所示。

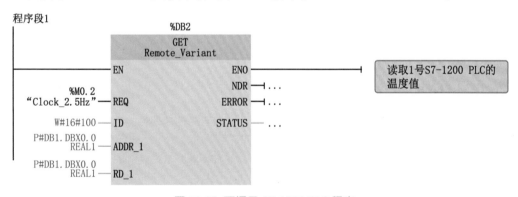

图 19-22 西门子 S7-1500 PLC 程序

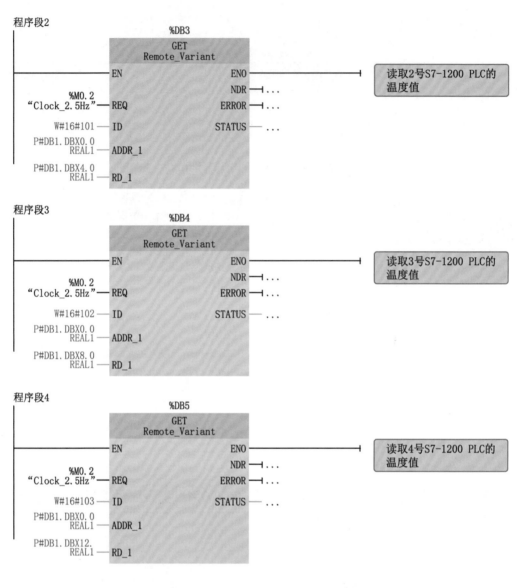

续图 19-22

1 号 S7-1200 PLC 程序设计如图 19-23 所示。

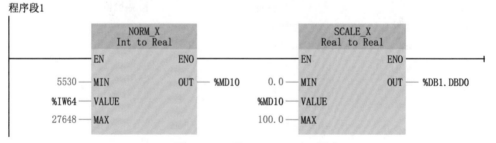

图 19-23 1 号 S7-1200 PLC 程序

2 号 S7-1200 PLC 程序设计如图 19-24 所示。

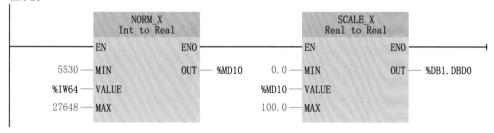

图 19-24 2 号 S7-1200 PLC 程序

3 号 S7-1200 PLC 程序设计如图 19-25 所示。

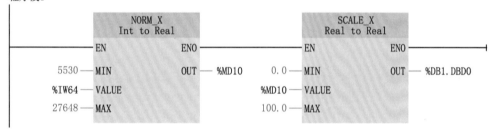

图 19-25 3 号 S7-1200 PLC 程序

4 号 S7-1200 PLC 程序设计如图 19-26 所示。

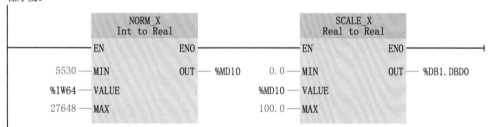

图 19-26 4 号 S7-1200 PLC 程序

参 考 文 献

[1] 西门子有限公司自动化与驱动集团.深入浅出西门子 S7-200 PLC [M].北京：北京航空航天大学出版社，2003.

[2] 赵景波，等.零基础学西门子 S7-200 PLC [M].北京：机械工业出版社，2010.

[3] 刘华波，马艳.西门子 S7-200 PLC 编程及应用案例精选 [M].北京：机械工业出版社，2016.

[4] 廖常初.PLC 编程及应用 [M].北京：机械工业出版社，2008.

[5] 向晓汉.西门子 PLC 工业通信完全精通教程 [M].北京：化学工业出版社，2013.